2020年福建省本科高校教育教学改革研究项目:校企深度融合,基于OBE理念推动地质工程国家级一流专业建设的探索与实践(立项编号:FBJG20200184)

福州及其周边地区地质地貌学认知实习指导书

FUZHOU JI QI ZHOUBIAN DIQU DIZHI DIMAOXUE RENZHI SHIXI ZHIDAOSHU

主编:焦述强
参编:张庆林 曾悦 吴振祥

内容摘要

本书是针对初学者的一本野外地质地貌认知实习指导书,面向工程地质、地质学、地理学、城乡规划等专业低年级大学生,也非常适合业余地质爱好者、探险者等参考。特色是针对低年级大学生野外经验少、理论不能联系实际的情况,尽可能能站在初学者立场上,对各种地质现象都进行了观察和描述,并通过实际例子为初学者提供范本。书中内容多来自作者多年工作和教学积累的第一手资料,翔实可靠。

本书内容基本涵盖了福建东南沿海典型的岩石类型、构造特征和地貌等,尤其对东南沿海火山岩地质有详细的描述。本书涉及地貌包括丹霞地貌、河流地貌、花岗岩石蛋地貌和海岸地貌。所选实习剖面出露好,交通方便,地质现象典型。书中也给出了很多工程地质评价的范例。欢迎大家选用。

图书在版编目(CIP)数据

福州及其周边地区地质地貌学认知实习指导书/焦述强主编.—武汉:中国地质大学出版社,2023.3

ISBN 978-7-5625-5492-9

Ⅰ.①福… Ⅱ.①焦… Ⅲ.①区域地质-地质学-福州-教学参考资料 ②区域地质-地貌学-福州-教学参考资料 Ⅳ.①P562.571

中国国家版本馆 CIP 数据核字(2023)第 029672 号

福州及其周边地区 地质地貌学认知实习指导书		焦述强 主编
责任编辑:舒立霞	选题策划:谌福兴 舒立霞	责任校对:何澍语
出版发行:中国地质大学出版社(武汉市洪山区鲁磨路388号)		邮编:430074
电 话:(027)67883511	传 真:(027)67883580	E-mail:cbb@cug.edu.cn
经 销:全国新华书店		http://cugp.cug.edu.cn
开本:787毫米×1092毫米 1/16		字数:115千字 印张:4.5
版次:2023年3月第1版		印次:2023年3月第1次印刷
印刷:湖北睿智印务有限公司		
ISBN 978-7-5625-5492-9		定价:22.00元

如有印装质量问题请与印刷厂联系调换

目 录

第 1 章 野外地质调查基本技能 ································· (1)
   1.1 罗盘的结构和运用 ································· (1)
   1.2 野外地质工作基本程序 ································· (4)
   1.3 野外地质工作基本技能 ································· (5)
   1.4 福州典型火山岩和火山碎屑岩描述举例 ································· (8)

第 2 章 福州地区地质地貌概况 ································· (10)
   2.1 地层 ································· (10)
   2.2 侵入岩 ································· (13)
   2.3 断裂构造 ································· (14)
   2.4 地貌 ································· (14)

第 3 章 罗源湾大澳—三头牛实习路线 ································· (18)
   3.1 地层 ································· (18)
   3.2 岩浆岩 ································· (19)
   3.3 构造 ································· (19)
   3.4 实习路线和要求 ································· (20)

第 4 章 登云水库隧道路线 ································· (22)
   4.1 主要地层 ································· (22)
   4.2 侵入岩 ································· (23)
   4.3 地质构造 ································· (23)
   4.4 实习路线和要求 ································· (24)

第 5 章 福州连江可门港实习路线 ································· (26)
   5.1 岩性 ································· (26)
   5.2 构造 ································· (27)
   5.3 实习路线和要求 ································· (28)

第 6 章 皇帝洞—寿山石古矿洞路线 ································· (29)
   6.1 皇帝洞景区 ································· (29)
   6.2 中国畲山水景区参观 ································· (31)
   6.3 寿山古矿洞参观 ································· (31)
   6.4 参观中国寿山石馆 ································· (32)

第7章 福建福鼎烟墩山实习剖面 (33)
7.1 区域地质概况 (33)
7.2 主要地层 (33)
7.3 侵入岩 (34)
7.4 地质构造 (35)
7.5 实习路线和要求 (36)

第8章 平潭岛马腿—福清东瀚实习路线 (37)
8.1 地层 (37)
8.2 侵入岩 (38)
8.3 地质构造 (39)
8.4 实习路线和要求 (41)

第9章 泰宁寨下大峡谷实习路线 (43)
9.1 泰宁红色盆地形成的大地构造背景 (43)
9.2 地层 (44)
9.3 泰宁红色盆地的构造特征 (44)
9.4 寨下丹霞地貌的特征 (45)
9.5 大金湖丹霞地貌的发育过程 (46)
9.6 实习路线与要求 (47)

第10章 福州鹅鼻岭实习路线 (48)
10.1 区域地质概况 (48)
10.2 主要地层 (49)
10.3 侵入岩 (50)
10.4 地质构造 (50)
10.5 实习路线和要求 (51)

第11章 福马路(隧道段)地质路线 (53)
11.1 区域地质概况 (53)
11.2 主要地层 (53)
11.3 侵入岩 (54)
11.4 地质构造 (55)
11.5 不良地质现象和地质灾害评估 (55)
11.6 实习路线和要求 (56)

第12章 福州下洋—营前实习路线 (58)
12.1 地层和岩浆岩 (58)
12.2 构造和不良地质现象 (60)
12.3 实习路线和要求 (61)

第13章 福州大学旗山校区实习路线 (63)
13.1 地质概况 (63)
13.2 实习路线和要求 (64)

第1章 野外地质调查基本技能

目的	• 掌握野外地质调查的程序 • 熟悉野外地质调查基本技能
技能	• 罗盘的运用 • 地质记录、素描、信手剖面、地质报告

1.1 罗盘的结构和运用

1.1.1 地质罗盘的结构

地质罗盘仪是进行野外地质工作必不可少的一种工具,由安装在铜、铝或木制的圆盆内的磁针、刻度盘、测斜仪、瞄准觇板、水准器等几部分组成(图1-1)。

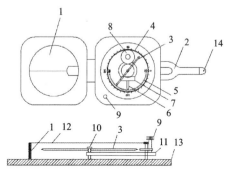

1.反光镜;2.瞄准觇板;3.磁针;4.方位角刻度盘;5.倾斜角刻度盘;6.垂直刻度指示器;7.倾斜仪水准气泡;8.底盘水准气泡;9.磁针固定螺旋;10.顶针;11.杠杆;12.玻璃盖;13.底盘;14.观测孔。

图1-1 地质罗盘仪结构图

(1)磁针。一般为中间宽两边尖的菱形钢针,安装在底盘中央的顶针上,可自由转动,不用时应旋紧制动螺丝,将磁针抬起压在盖玻璃上,避免磁针帽与顶针尖的碰撞,以保护顶针尖,延长罗盘使用时间。在进行测量时放松固定螺丝,使磁针自由摆动,最后静止时磁针的指向就是磁针子午线方向。由于我国位于北半球,磁针两端所受磁力不等,会使磁针失去平衡。为了使磁针保持平衡,常在磁针南端绕上几圈铜丝,因此也便于区分磁针的南北两端。

(2)水平刻度盘。水平刻度盘的刻度采用以下标示方式:从零度开始按逆时针方向每10°

一记,连续刻至360°,0°和180°分别为 N 和 S,90°和270°分别为 W 和 E,利用它可以直接测得地面两点间直线的磁方位角。

(3)竖直刻度盘。专门用来读倾角和坡角读数,以 E 或 W 位置为0°,以 S 或 N 为90°,每隔10°标记相应数字。

(4)悬锥。测斜器的重要组成部分,悬挂在磁针的轴下方,通过转动罗盘底部的手把可使悬锥转动,悬锥中央的尖端所指刻度即为倾角或坡角的度数。

(5)水准器。通常有两个,分别装在圆形玻璃管中,圆形水准器固定在底盘上,长形水准器固定在测斜仪上。

(6)瞄准器。包括接物和接目觇板,反光镜中间有细线,下部有透明小孔,使眼睛、细线、目的物三者成一线,起瞄准之用。

1.1.2 磁偏角设定

地球磁极位置与地理极位置的不重合,使得地球(指固体地球,下文同)表面某一空间点的磁子午线方向偏离地理子午线方向,这两方向之夹角(锐角)被称为该点的磁偏角(图1-2)。

使用罗盘是为了获知地理方位,而罗盘中的磁针位置受制于磁场,地表不同地点的磁偏角是不同的,即便同一地点的磁偏角也会随时间变化而变动。因此,在任何地区,在使用罗盘前,必须根据国际上最新公布的当地磁偏角,对罗盘进行校正(即磁偏角设定),使得当时当地的地理方位与磁方位两者在罗盘中协调起来。只有使用经校正的罗盘,才能测得当时当地正确的地理方位。

a.磁偏角西偏　　　　b.磁偏角东偏

图1-2　磁偏角及其校正示意图

1.1.3　地质罗盘的应用

1.1.3.1　地理方位

1)利用地形图的定点——地形地物法

如果地质观察点恰好位于地形图上已标记的标志性地形或地物处,则仅需利用地形图来定点,这种定点方法称为地形地物法。这些标志性地形地物有道路交会点、水库等的拐点、桥梁和冲沟等的端点,以及鞍部和山头最高点(地形图上标记▲等符号的位置)等。

2)地形图与罗盘结合的定点——三点交会法

站立于测点,使用罗盘,测量该观察点相对于3个已知空间点(即参照物,通常是山头等范围小的高地)的方位。然后,根据所测得的方位数据,用量角器、三角板在地形图上画出经过3个已知点的直线。理论上此三直线交会于一点,但实际上由于罗盘测量误差、地形图精确性等而往往交会成一个三角形。此三直线交会点或交会三角形所在的位置(图1-3a),即所要确定的测点地理位置,交会三角形范围越小,所确定的测点位置精度越高。

3)地质观察路线方向的测量

观察路线的方向是指由起点向终点的方向,可采用上述地理方位测量的方法进行。在测量中,无论是在路线终点还是在起点处测量,都应将终点当作目的物,起点当作参照物。

1.1.3.2 地质体产状要素测量

地质体产状可分面状体的产状和线状体的产状。岩层层面、断层面、节理面、褶曲轴面等面状体的产状要素包括走向、倾向、倾角。

1)面状体产状要素的测量

测量前,选择面状体上的平整处,或在其上垫置硬质平板状物(如讲义夹等),或由平板状物将面状体侧向延伸(测量褶曲轴面的产状时应采用此法),使得测量在平面上进行。

走向测量:将罗盘上盖打开至极限位置,放松磁针,将罗盘的较长一侧紧贴所测面状体,调整罗盘,使得罗盘中的圆水泡居中。磁针静止时,磁针两端所指示的读数即为该面状体的走向(具有两个读数)。

倾向测量:将罗盘上盖的背面紧贴所测面状体的顶面,调整罗盘使罗盘中的圆水泡居中,磁针静止时,磁北针所指读数即为该面状体的倾向。当罗盘上盖的背面紧贴面状体的底面时,则指南针所指示的读数才是该面状体的倾向。

倾角的测量:或紧接着倾向测量后,一手压住罗盘上盖,另一手打开罗盘至极限位置并锁住磁针,将罗盘侧转使得罗盘较长侧边紧贴所测面状体;或紧接着走向测量后,锁住磁针,转动罗盘使得罗盘较长侧边垂直于走向并紧贴面状体,调整长水泡(指垂直水准器中的水泡,下文同)使之居中,这时垂直水准器指示盘上0°刻划线所指垂直刻度盘上的读数,即为该面状体的倾角。如图1-3b所示。

图1-3 三点交会定点法示意图(a)和产状测量(b)

注意事项:①走向为两个方向,而倾向则是一个方向,由于走向与倾向垂直,有时仅需测量倾向,再根据走向与倾向的关系(走向=倾向±90°)得知走向。但在观察和研究地质构造时,走向更显重要,因而必须实际测量走向。②当面状体倾角较小时(如小于20°),为了获得较精确的测量结果,应实际测量走向。③由于倾角是垂直于走向或沿倾向测量的,因而倾角也称真倾角;在不垂直于走向的任一方向上所测得的面状体倾伏角则称视倾角,视倾角总是小于真倾角。

2)线状体产状要素的测量

将硬质矩形平板状物一侧紧贴呈直线形的线状体,并使该平板状物垂直于水平面,此后,使用罗盘测量该平板状物的走向。该走向具有两个数据,其一为线状体的倾伏方向,其二为扬起方向,两者相差180°。

1.1.3.3 地形坡度测量

地形坡度是指斜坡的斜面(线)与水平面的夹角。在坡顶、坡底或斜坡上各站一人,或者各立一根与人等高的标杆。站在坡底的人将罗盘直立,长瞄准器指向测量者,并转动反光镜,以观察到长水准器为准。视线从短瞄准器的小孔或尖端通过,经反光镜的椭圆孔,直达标杆的顶端或人的头顶。调整罗盘底面的手把,使长瞄准器的气泡居中(在反光镜里看),这时测斜器上的游标所指示半圆刻度盘的读数即为坡度角,也可以用相同的方法从坡顶向坡脚测量坡度角。

1.2 野外地质工作基本程序

地质工作的核心和灵魂是野外工作。一切的调查以及结论,都必须始于野外,终于野外。无论工作性质如何,不管是找矿、地质灾害处理,还是城市及道路等建设甚至考古等,地质调查的对象,永远是特定区域内的地球物质(岩石、松散堆积物、水、石油和天然气等)和构造。

在接收到某一个项目或者任务的时候,我们必须先弄清楚需要地质方面的哪些资料和信息,其次再根据工作区具体的交通、气候和地貌等规划地质路线,最后才开始正式的野外工作。我们将程序总结如下:

(1)分析项目的性质,确定具体的地质要求是要查明岩性还是构造等。

(2)查阅相关资料。地质工作和任何工作一样,都是建立在前人的积累之上。我们在到一个新地区开展工作以前,一定要查阅相关资料,了解清楚工作区大致的岩性和构造特征。对地质工作来说,所谓查资料,首先是地质图。一般省级自然资源部门只有1∶5万或者更小比例尺的地图,更大比例尺的地质图一般只能在专业的部门才可能借阅到。通过地质图,我们能大致清楚本地区地层的划分和命名,岩浆岩的类型和时代,以及构造的特点。再就是在专业期刊上查阅相关论文,看看本地区地质问题的研究现状和存在的问题。

(3)当我们对本地区相关地质情况有了大致了解以后,再根据交通地貌等规划路线。这样才能在野外提高工作效率。

(4)准备野外地质工作三大件:地质锤、罗盘和放大镜。

罗盘的作用在前面我们已经讲过。

地质锤是非常重要的野外地质工具,地质锤的作用是让我们能在任何时候,都能敲开岩石,观察其新鲜面。我们知道任何岩石和矿物都是在自己所生成的环境中才是稳定的,大部分岩石包括沉积岩都形成于地下一定的深度,当暴露到地表以后,就不可避免地受到风化作用。

放大镜的作用主要是观察岩石的结构,如矿物的晶形和种类,以及相互之间的关系。我们知道大部分组成岩石的矿物都是毫米级或者毫米级以下,肉眼观察矿物是非常困难的,所以需要放大镜。

除了三大件以外,我们还需要带地形图、野外笔记本等。地形图的作用除了让我们清楚自己在野外的具体位置以外,最重要的是,我们需要把观察到的特殊地质现象,比如地质界线、断层、泉水出漏点等标记在地形图上,形成初步的地质资料图。

(5)最后开始正式的地质工作。不管是正规的地质填图还是简单的地质踏勘,我们总是遵循这样的观察步骤:先定位,知道自己在哪里;其次观察岩性,确定岩石类型并命名;最后确定构造,调查节理、褶皱和断层。

1.3 野外地质工作基本技能

1.3.1 空间感知能力和定位

到达野外相关露头以后,马上尝试回答如下问题:
(1)这是在什么地方(如十字路口的东北角)?别人要能够根据你的描述找到这个地方。
(2)露头附近是什么地形(是山顶还是河岸或者山坡上)?露头的尺度有多大?
(3)露头的走向是什么(东西向?北东向?还是水平?),倾向如何?
(4)露头总体外貌(新鲜的?风化的?堆积的?被植被覆盖?)如何?在附近是不是有相同岩石出露?
(5)该露头为什么消失(堆积物覆盖?人工建筑物?河流淹没?)?
(6)露头内地质体的形状(透镜状、板状、线状或者其他形状)怎样?如果有不同地质体出现,两者之间接触关系如何(整合接触、不整合接触、侵入接触、断层接触)?

1.3.2 岩石和构造的描述

(1)对岩石新鲜标本,描述其矿物成分、结构和构造。判断其大类是岩浆岩、沉积岩还是变质岩,并尽可能命名之。
(2)层理的确定和描述。层理是沉积岩和火山岩在沉积过程中出现轻微间断而形成。通常原始地层近水平或者倾角小于 $10°$。如果在野外层理倾角大于 $10°$,说明岩石经受过构造运动。
(3)有些原生构造,比如交错层理、递变层理、泥裂等可以显示地层的顶底面。我们也需要观察和描述这些原生构造。
(4)构造的观察和描述:包括节理的产状、间距和密度等;断层的产状和力学性质以及延伸长度等;褶皱的类型和大小;层理和叶理的观察等。

1.3.3 地质素描

除了完整的文字描述,还需要对露头重要特征作可视化记录。现在手机非常便利,但我们需要记住:照片虽然是对野外地质现象最客观和真实的记录,但不能反映我们对该现象的准确认识。地质素描实际上反映的就是我们对野外某个地质现象的认识程度。素描不需要多么艺术化,但必须清楚地表明各个地质体之间的接触关系。对同一个地质现象,个人观察的角度和认知的深度不一样,所作的地质素描有可能也不一样。画素描的时候,先画出露头的总体轮廓,然后画出各个岩面,最后用一些线条代表层面、褶皱枢纽或者节理等。完整的素描,必须包括剖面方向、比例尺和适当的图例以及图名。

素描可以帮助地质工作者更多更好地思考地质现象,在画素描的时候,我们时刻要清楚自己要画什么和画出来的是什么。数码相机永远代替不了野外笔记本、铅笔、橡皮,当然更加代替不了我们的大脑,因为我们是用手照相,用脑作画(图1-4a)。

野外素描的目的是对特定地质构造和现象提供一个可视化的描述,它是我们以后解释构造模型的基础。

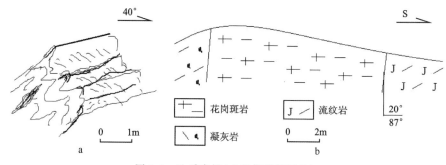

图1-4 地质素描(a)和信手剖面(b)

1.3.4 信手剖面绘制

剖面一般分为图切剖面、实测剖面和信手剖面。我们在野外踏勘的时候,做得最多的是信手剖面。剖面的目的是直观地了解某一条路线(一般是直线)的构造格架和地层层序,一般每一条路线都需要一条或者几条信手剖面。信手剖面不要求精度,并会忽略不重要的内容,比如植被等。野外做信手剖面的步骤如下:

(1)清楚路线的起点和终点,一般沿直线。如果路线有大拐弯或者太长,可以分为几段,分别做信手剖面。

(2)给剖面编号、定名,比如"图11 泰宁寨下大峡谷淳安组信手剖面图"。定名的时候,最好先提地名,再说要表现的主要内容。

(3)选好比例尺,尽量把剖面浓缩在一页纸上。

(4)测量剖面的前进方向,并标到右上角。

(5)画出地形线。因为地形不是要表现的主要内容,所以不需要太准确。

(6)边走边画剖面,把产状、采样地点等都标上去。

(7)完善图例。

短距离的信手剖面也可以看作简化的地质素描,如图1-4b所示。

1.3.5 地质解释

野外观察完地质现象或者完成野外工作后,我们就需要开始解释本地区的地质历史。我们对每一个地质单元的解释必须包括如下问题:

(1)所观察的地质单元的地质环境是怎么样的?比如是火山喷发环境还是海相沉积环境?是岩浆结晶还是变质作用产生?

(2)岩石形成时的特定地质作用:比如是火山碎屑流形成熔结凝灰岩?还是断层作用的产物?

(3)不同地质体之间的接触关系是断层接触还是侵入接触?是整合接触还是不整合接触?

(4)岩石是否受过构造作用?

(5)岩体的地质年代如何?确定不同岩石体之间的接触关系。

1.3.6 野外记录

地质野外记录要记录在专门的野外记录本上。野外记录是地质调查最原始的资料,是后续一切工作的基础,必须遵循以下原则:

(1)必须用铅笔。

(2)不能涂抹,写错的只用铅笔划掉,要能看得出来划掉以前的字。

(3)野外必须随时观察,随时记录。千万不能在野外时不记录回来后仅凭记忆整理、加工。

(4)野外记录只记录地质现象,不能记录其他无关的生活、工作琐事。

(5)尽量使记录本保持干净、整洁。

(6)野外工作完成后,要将野外记录上交存档。

野外记录本和普通记录本不一样。左边方格纸用来画素描,作剖面图。右边用来记录文字。两者不能混用。野外描述的内容如下:

(1)每个新的点必须在新的页码开头。在第一页上写下时间、地点和天气。

(2)点位:有3种方式。第一种,经纬度。第二种,三点法。第三种,地形地物法。别人要能够根据你的描述准确地找到这个点,比如在桥头、电线杆边等。

(3)对露头做个素描,显示露头总体形状、大小,标明比例尺、方位。总的原则是:表现你认为最主要的,淡化不重要的。

(4)描述岩石和构造。岩石的描述遵循如下程序:颜色、成分、结构和构造。最后定名并记录样品号。

(5)尽可能多拍照片、多画素描、多作剖面图。

文字记录现举例如下。

路线Ⅰ:福清东瀚—前营—可门岛

任务:(1)观察前营眼球状片麻岩。

(2)观察东京山火山机构。

(3)观察可门岛断层。

点号:No.4

点位:东京山采石场

点性:岩性控制点

描述:

颜色:灰白色,风化略呈浅黄色、浅紫色。

成分:岩石中有两个粒度的组分,粗的为火山碎屑,细的为基质。火山碎屑占岩石体积的70%以上,成分主要为钾长石和石英,暗色矿物稀少。钾长石,淡粉色,板状,半自形,长1~1.5mm,含量占碎屑的70%;其余为石英,烟灰色,他形粒状,粒径1~2mm。基质为火山尘。

结构:火山碎屑结构,凝灰结构。

构造:不明显层理构造。

定名:流纹质晶屑凝灰岩。

发育两组棋盘格式区域性节理和一组产状平缓的卸荷节理。第一组产状:30°∠35°;第二组产状:30°∠20°;第三组产状:45°∠10°。

标本:S1。

1.3.7 地质报告编写

地质报告编写可以分为4个部分:前言,正文,致谢,参考文献。

(1)前言:实习区的地理位置和交通状况,自然地理条件和气候,本次实习的目的和任务以及完成的主要成果。

(2)正文一般包括以下几部分内容。

第一章:区域地质构造

第二章:实习区地层和岩浆岩

第三章:实习区构造

第四章:不良地质现象调查

第五章:结论和建议

(3)致谢:感谢老师、同学、司机以及对你实习有过帮助的人。

(4)参考文献。

实习所在不同的地方,比如罗源、连江等,每一个地点都重复以上程序,相近的地点可以合并,离得远或者调查目的、地质特征差别大的地点,必须要有新的报告,从而构成总的实习报告。

1.4 福州典型火山岩和火山碎屑岩描述举例

岩石定名是一个很复杂的工作。准确定名一定要在偏光显微镜下进行,野外描述和定名只能作为参考。此外,同一种岩石比如花岗岩,不同地区的花岗岩无论外貌还是成分以及颜色结构等都差别很大。根据我们以往的教学经验,发现学生在火山岩、火山碎屑岩以及过渡类型岩石的定名上问题比较多,所以这里只对福州一些常见火山岩以及火山碎屑岩的描述进行举例,让大家尤其是初学者能在野外实习时参考。需要指出的是,野外一定要就事论事,实事求是,千万不能生搬硬套范例,因为同一类型岩石,不同标本可能差别很大。另外,岩石中矿物的含量是目估的,需要慢慢锻炼。

(1)流纹岩:紫色、灰紫色。见斑晶和基质。斑晶为钾长石、斜长石、石英和黑云母等。斑晶含量5%～10%,粒度2～3mm。钾长石,宽板状,晶体泥化严重,见卡式双晶,含量远大于斜长石。石英,烟灰色,破碎成棱角状。基质由长英质组成,霏细结构,肉眼不能分辨矿物颗粒。总体结构为斑状结构,基质为霏细结构,构造为流纹构造。

(2)流纹质凝灰熔岩:浅灰色,风化后为灰白色。见晶屑和斑晶,晶屑和斑晶占35%～40%,晶屑含量远大于斑晶。晶屑为棱角状、阶梯状,可见溶蚀港湾,粒度1～2mm,矿物成分有钾长石、斜长石、石英和黑云母等。斑晶多为钾长石和石英。基质为玻璃质,部分为霏细质长石和石英。

(3)英安质晶屑凝灰岩:深灰色、灰色。凝灰结构。多含角砾,角砾成分有安山岩、凝灰熔岩、凝灰岩等,含量5%～10%,角砾为棱角状,大小悬殊,多为2～5mm。晶屑含量20%～25%,成分多为斜长石、钾长石和石英,斜长石含量远大于钾长石。钾长石多泥化,石英不规则裂纹发育。基质为玻屑和火山灰脱玻化后的隐晶质长石和石英。

(4)流纹质熔结凝灰岩:含角砾,角砾含量约5%,多为流纹岩、英安岩、凝灰岩等。晶屑和斑晶占20%～25%,晶屑远大于斑晶,主要为钾长石、斜长石、石英和黑云母。胶结物为塑性玻屑和塑性浆屑。塑性玻屑被压扁拉长呈线状。塑性浆屑呈透镜状、条带状,两端撕裂为火焰状,其内具有气孔和斑晶。塑性玻屑和塑性浆屑明显定向排列,并绕过刚性碎屑。

(5)凝灰质砂岩:见砂状结构,层理构造。沉积物占80%～85%,火山碎屑占10%～15%。沉积物为石英碎屑,分选性差,次棱角状或浑圆状,粒度0.004～0.05mm。火山碎屑晶屑为钾长石、斜长石、石英和黑云母,棱角状,粒度0.2～0.5mm。见玻屑。

参考文献:

吴振祥,焦述强,樊秀峰,2016.工程地质野外实习教程[M].武汉:中国地质大学出版社.

第 2 章　福州地区地质地貌概况

目的	• 了解福州地区地质概况 • 了解福州地区地貌概况
技能	• 资料的查阅与应用 • 准确理解地层、地质年代表 • 认识岩石单位 • 熟悉常见岩石符号 • 认识和描述常见地貌

本实习教材所说福州及其周边地区包括福州市、平潭岛、福清市、罗源县、长乐市和永泰县、连江县等。区内交通方便，高铁纵横，气候温和，非常适合野外地质实习。实习所涉及个别地区如泰宁县、莆田市、宁德市等的地质情况会在相关的章节进行特别介绍。

福州地区位于山地和滨海丘陵平原区与海域的交接地带。西部、北部地势较高，山岭海拔一般在500~700m之间，最高处为鼓山顶（大顶峰），为919.1m，沿海及福州盆地多为200m以下的丘陵、残丘等。沿海岛屿零星，岸线曲折，潮水影响范围广泛。

福州属典型的亚热带季风气候，气温适宜，温暖湿润，年平均降水量为900~2100mm，年平均气温为20~25℃，最热月7—8月，年相对湿度约77%。7、8、9月是台风活动集中期，每年平均台风直接登陆市境有2次。10月到次年2月，天高气爽，是开展地质工作的最佳季节。

2.1　地层

福州地区地层仅出露晚侏罗世—早白垩世火山岩系。闽江沿岸及滨海地区第四系发育。根据接触关系、岩性组合、古生物和同位素测年，测区可划分为上侏罗统长林组、南园组、小溪组及下白垩统石帽山群。第四系为更新统残积层、冲洪积层及全新统长乐组。

2.1.1　长林组（J_3c）

长林组主要分布于长乐西埔、东渡一带，呈北东向带状，厚度约600m。其岩性上部主要为凝灰质砂岩、凝灰质粉砂岩、泥岩夹硅质岩、含碳质粉砂岩，下部为流纹质晶屑凝灰岩等。它在长乐市西埔与上覆南园组为喷发不整合接触关系。

2.1.2　南园组(J_3n)

南园组在福州地区大量出现,总厚度3000多米,其岩性主要为中酸性、酸性喷出岩和火山碎屑岩。有的地区因受断裂影响和岩浆侵入,该地层分布不连续,同时部分地段受到断层影响,产生程度不一的变质作用,岩石劈理和片理发育,形成片岩和变粒岩。根据地层层序、接触关系、岩性组合和岩浆演化的特点,可进一步划分为4个岩性段。

1)南园组第一段(J_3n^a)

本段为一套中—中酸性火山岩,与长林组相伴产出。岩性多为灰黑色、深灰色英安质熔结凝灰岩、英安岩、安山岩、安山玄武岩、英安质角砾熔岩、英安质晶屑玻屑凝灰岩夹流纹质晶屑凝灰熔岩。该段岩性风化后为深红色,与下伏地层长林组喷发不整合接触。

2)南园组第二段(J_3n^b)

本段为一套酸性火山碎屑岩和碎屑熔岩,总体呈北东向展布,岩性复杂,以流纹质晶屑凝灰熔岩、角砾熔岩、晶屑熔结凝灰岩和晶屑玻屑凝灰岩为主,其中夹凝灰质粉砂岩。在福清黄塘可见其喷发不整合在南园组第一段(J_3n^a)之上。

3)南园组第三段(J_3n^c)

本段为一套中酸性火山岩,区内最大厚度1189m。岩性主要为深灰色流纹英安质晶屑熔结凝灰岩、角砾晶屑熔结凝灰岩、晶屑凝灰熔岩、晶屑凝灰岩、安山质火山角砾岩、斜长流纹岩、英安质夹流纹质晶屑玻屑凝灰岩、粉砂岩、凝灰质粉砂岩等。多具中心式火山喷发特征,在火山机构中心部位,多见流纹英安质熔结集块岩、熔结角砾岩、斜长流纹岩等。以地貌上多形成馒头状山,风化土呈褐红色等而明显区别于南园组第二段。

南园组第三段在福州火车南站、三江口、乌龙江大桥一带,其岩性为流纹质英安质晶屑凝灰熔岩、晶屑凝灰岩,由于受到东西向构造影响,岩石普遍硅化、片理化。在福州鼓岭,岩石呈环状分布,具有中心式火山喷发特征,从中心到外围岩性依次为粒状碎斑熔岩、流纹英安质晶屑凝灰岩、晶屑熔结凝灰岩。

4)南园组第四段(J_3n^d)

南园组第四段,为一套紫灰色流纹英安质熔结凝灰岩、晶屑凝灰岩。一般颜色较浅,主要有浅灰色、紫灰色和紫红色等。南园组第四段喷发不整合于第三段之上。

南园组属于陆相火山岩系,沉积岩少见。总体上说,在福建东部,南园组火山岩呈北东向带状展布,其火山机构也呈串珠状分布,说明岩浆沿着基底断裂,在有利部位产生中心式火山喷发。南园组是福州地区晚侏罗世—早白垩世火山活动最强烈阶段的产物,形成厚度大、分布面积广、岩性复杂的中—酸性火山岩。

区内与南园组有关的矿产有铁矿、铅锌矿、钼矿及非金属高岭土矿等。凝灰岩和晶屑凝灰岩是寻找风化淋滤型高岭土矿的主要岩层。铅锌矿多见于南园组第二段、第三段晶屑凝灰岩、晶屑凝灰熔岩和斜长流纹岩中。

2.1.3　小溪组(J_3x)

小溪组代表晚侏罗世晚期一套陆相盆地沉积-火山喷发岩系。可分为上、下两段:上段以火山碎屑岩为主;下段以沉积岩为主,夹火山碎屑岩。本组地层代表晚侏罗世晚期火山喷发,其喷发强度、规模远不如南园组火山喷发。本组地层平行不整合覆盖于南园组之上,底部可见底砾岩,接触面上有时可见风化壳。

2.1.4 石帽山群(K_1sh)

石帽山群叠加在晚侏罗世火山洼地之上,呈盆地形式产出。分布于闽侯五虎山以及南阳林场一带,为一套紫红色沉积-喷发旋回,厚度大于2000m,不整合于南园组之上。石帽山群自上而下分为黄坑组、寨下组,二者进一步划分出上、下两个岩性段。

1)黄坑组(K_1h)

黄坑组角度不整合于南园组之上,其上被寨下组平行不整合覆盖。黄坑组上段喷发不整合于黄坑组下段之上。

黄坑组上段以深灰色英安岩、英安质(角砾、含角砾)晶屑熔结凝灰岩、英安流纹质(含角砾)晶屑熔结凝灰岩、英安质晶屑凝灰岩、火山角砾岩为主,夹流纹质(含角砾)晶屑凝灰岩、沉凝灰岩等。黄坑组下段以紫红色凝灰质砂砾岩、砂岩、粉砂岩、泥岩为主,夹中酸性火山碎屑岩或者火山碎屑沉积岩。

2)寨下组(K_1z)

寨下组平行不整合覆盖于黄坑组之上。寨下组上段喷发不整合于寨下组下段之上。寨下组下段岩性为紫红色凝灰质砾岩、砂砾岩、凝灰质粉砂岩等。上段为紫红流纹质(含角砾)晶屑熔结凝灰岩、流纹英安质(含角砾)晶屑熔结凝灰岩、(含角砾)流纹岩、钾长流纹岩、集块火山角砾岩,夹英安质晶屑凝灰岩、凝灰质粉砂岩、沉凝灰岩等。

2.1.5 第四系

1)上更新统东山组(Qp_3d)

上更新统东山组(Qp_3d)根据其碎屑物特征,可分为冲积、洪积和海积3种沉积类型,其中以冲积层为主。冲积层以灰绿色、灰黄色(砂砾质)黏土为主。海积层分布于河口、海湾及海坛岛芦洋埔平原,岩性以灰色粉砂、淤泥和含砾中细砂为主,多埋藏于长乐组下。该组与下伏残积层、上覆长乐组呈平行不整合接触。

2)中更新统同安组(Qp_2t)

该组为第四纪中更新世的沉积物,仅分布于连江县丹阳盆地东部的山前地带,岩性为风化强烈、呈半固结状的棕红色泥质砂砾卵石和红黏土。砾卵石分选性和磨圆度均不好,下伏花岗岩风化的残积层,上覆龙海组,为当地三级基座阶地的堆积物,是洪积物。

3)全新统长乐组(Qhc)

该组为第四纪全新世中晚期沉积物。主要成因类型为海积-冲积层,分布于福州、长乐、连江、海坛岛等。地层剖面可分为下、中、上3段。下段为海相灰黑色淤泥,局部由中细砂、黏土组成。中段由海相及少量冲积相灰黑色富含腐殖质淤泥组成,厚2~30m,掩埋于地下。上段为冲积相灰黄色、灰色砂质黏土、黏土、砂砾石,厚0.5~15m,出露于地表,化石丰富。此外,在滨海平原、岛屿等地可见风积层,为黄色、黄白色细砂、粉砂,石英砂分选性好,厚2~

20m,构成滨海沙丘、沙垄等风成地貌类型。

2.2 侵入岩

福州地区侵入岩分布非常广泛,大小岩体总共超过100个。出露面积约占福州市的30%。多以岩基、岩株、岩墙和岩枝状产出。岩石类型有基性、中性、中酸性和酸性等岩类。此外根据碱性氧化物含量,可见碱性花岗岩,其中以酸性、中酸性岩类为主。侵入岩均为中生代燕山期多期次侵入活动的产物,它们与同期火山岩都是环太平洋中、新生代岩浆活动的一部分。按侵入活动时间顺序,分为早、晚两期,其中以燕山晚期第三、四次活动最强烈,规模最大。

2.2.1 莲花山岩体

莲花山岩体位于平潭县城东莲花山一带,呈南北向近长方形的小岩株状产出。岩石主要为灰色细粒石英闪长岩。岩体结构和构造比较复杂,是一个复式侵入体。该岩体侵入于南园组之中,其北侧为石帽山群所覆盖。该岩体为燕山早期第二次侵入活动所形成。地质时代为晚侏罗世。

2.2.2 丹阳岩体

丹阳岩体为一岩基,分布于连江县丹阳镇、马鼻镇和罗源县飞竹乡,出露面积约600km²,是福州地区出露面积最大的岩体。岩石主要为肉红色中粒含黑云母二长花岗岩。岩体侵入于南园组、坂头组之中,又被魁岐岩体和笔架山岩体所侵入,为燕山晚期第二次侵入活动的产物。地质时代为早白垩世。

2.2.3 福州岩体

福州岩体分布于福州盆地及其周围低山丘陵,多被第四系覆盖,出露面积约50km²,呈岩基状产出。岩体北部侵入于南园组火山岩之中,中东部又被魁岐岩体所侵入。岩体内部脉岩极其发育,主要为花岗斑岩脉和石英正长斑岩脉。

福州岩体为含黑云母花岗岩,颜色为肉红色,风化后呈土黄色,花岗结构,块状构造。矿物粒度为2~5mm。同位素年龄值为82.4~99Ma,为燕山晚期第二次侵入活动所形成。地质时代属早白垩世。

2.2.4 魁岐复式岩体

魁岐岩体为一多次脉动侵入的复式晶洞花岗岩体,分布于福州市区东部魁岐及连江县一带。岩体与围岩接触面陡峭、外倾,岩体内可见1~50mm厚冷凝边,围岩局部见宽数米的烘烤褪色边。出露面积200km²以上,为一岩基。魁岐复式岩体地貌上常形成悬崖陡壁,风景迷人。福州著名的鼓山、青芝山、鳝溪等旅游胜地即坐落于魁岐复式岩体之上。

魁岐岩体可分为5次脉动式侵入。第一次侵入以牛顶岩侵入体为代表,岩性为浅肉红色晶洞花岗岩，中细粒结构，晶洞构造。晶洞大小 3～5mm，内部充填石英、钾长石等，在青芝山为中粒结构。第二次侵入以香炉岩体为代表，微粒花岗结构，块状构造，晶洞构造少见。第三次侵入以快安岩体为代表，呈岩株状产出，岩性为中细粒碱性花岗岩，晶洞构造普遍，尤其鼓山魁岐一带更为发育，局部可达 5～10mm。第四次侵入出露于福州打石坑，规模小，为似斑状细粒碱性花岗岩，似斑状结构，斑晶为钾长石，少量为石英集合体，晶洞构造发育。第五次侵入岩性为微粒碱性花岗岩，矿物颗粒小于 1mm，风化成砂糖状，见少量石英斑晶。

魁岐岩体侵入于南园组中，晚于福州岩体和丹阳岩体，西北部被笔架山岩体所侵入。该岩体为燕山晚期第四次侵入活动所形成。地质时代属晚白垩世。

2.2.5 花岗斑岩脉

区内酸性岩脉，尤其是福州城区北部，花岗斑岩脉、正长斑岩石英正长斑岩脉极其发育，野外一般宽数米到数十米，长数百米。多沿断裂带贯入，以北东向为主，多为小岩瘤，系燕山晚期最后一次侵入的结果。

2.3 断裂构造

福州地区断裂构造极为普遍。区域上有北北东向长乐-南澳大断裂带和北东东向福鼎白琳-莆田笏石大断裂带。上述大断裂由多条次级断裂组成，主要有平原-高山断裂带、长乐-笏石断裂带、长乐-宏路断裂带、田地-广坪断裂、连江-福州断裂带和南屿-梧桐断裂带。上述断裂构造多形成于中生代中后期的燕山运动时期，喜马拉雅运动以来仍有断裂活动。

2.4 地貌

福州地区西枕鹫峰—戴云山脉，东濒东海，闽江自西北向东南流经中部，地貌上具有以下特征。

地势西高东低，呈层状下降。自西向东，地貌类型由中山、低山、高丘陵、低丘陵、台地平原，作有规律的排布。局部因断块隆起，形成一些较高的山峰，如鼓山大顶峰（海拔 919.1m）、旗山（755.2m）、五虎山尾虎顶（611m）等。闽江横切鹫峰—戴云山脉，形成峡谷；安仁溪口以下，河谷逐渐开阔，水流平缓，形成全区最大的平原——福州平原，自琅岐注入东海。

全区以山地丘陵为主，平原面积较小。在丘陵分布中，西部以高丘陵为主，沿海各市县除罗源外，均以低丘陵为主。台地大部分分布在沿海福清、长乐、平潭。福州平原是全省沿海四大平原之一。在丘陵地区，见众多的小侵蚀盆地，如葛岭、城关、梧桐、嵩口、池园、大湖、洋里、廷坪、鸿尾、霍口、西兰、丹阳、潘渡、东湖、长龙等。福州平原四周被鼓山（东）、旗山（西）、五虎山（南）和莲花峰（北）所环围，地貌上也是一个盆地。

境内岸线漫长曲折，曲折的海岸构成众多的港湾。沿海岛屿星罗棋布，多达 500 多个。岛屿均由基岩组成，其岩性构造与附近大陆一致，属于大陆岛性质。平潭岛是福建省第一大岛、中国第五大岛。岛屿由于长期受到海浪的拍击和侵蚀，海蚀地貌发育，如海蚀洞、海蚀柱、海蚀桥、海蚀崖、海蚀平台等。

福州背山面海，既有陆地地貌，又有海岛地貌和海底地貌，还有介于海陆之间的海岸、港湾和半岛等地貌,地貌类型复杂多样。现描述如下。

2.4.1 山地

福州地区山地包括中山和低山,主要分布于西部,新构造运动较强烈,山体呈北北东向或北西向展布,切割深,坡度大,山间盆地发育。断裂构造发育,形成许多断块山和断裂谷。山地中发育有1000～1100m、700～800m和500～600m三级剥蚀面。成因类型以构造为主。福州市区附近较高的山峰有鼓山大顶峰(919.1m)和旗山(755.2m)等。

鼓山位于福州市东郊8km处。南北长6km,东西宽4km,面积约24km²。因山巅巨石似鼓,风雨冲击,声如鼓鸣,故名。一般高度为700～800m。构成鼓山的岩石为燕山晚期黑云母花岗岩和碱性钾长花岗岩,断裂多以北东向、北北东向和北西向为主。在新构造运动作用下,山体不断抬升,形成四壁陡峭的断块山。磨溪上游沿断裂侧蚀,则发育成嶂谷。在大顶峰西南侧保存有千余年之久的涌泉寺。该寺环境优美,有"进山不见寺,入寺不见山"之妙。鼓山风景区以涌泉寺为中心,著名的景点有回龙阁、灵源洞、十八景尤、罗汉台、香炉峰等、大顶峰、白云洞等。此外,有历代摩崖石刻多处,尤以喝水岩一带最为集中。鼓山、鼓岭系一剥蚀面,大顶峰是剥蚀面上的残丘。

旗山属闽侯县上街镇,福州大学旗山校区西侧,因山巅形状如旗而得名。由燕山晚期碱性花岗岩组成。在岩性、构造和外力长期相互作用下,形成各种地貌形态,著名景点有勾漏洞、公鸡洞、游仙洞、侧身洞、仙人石、旗盘石、玉印石、草鞋石、老人观峰、罗汉拜天、仙桃凌空等。此外,宋代摩崖石刻亦多。

2.4.2 丘陵

丘陵分布广泛,占全区土地总面积的40.27%。丘陵按相对高度200m为界,可分为高丘陵和低丘陵两类。高丘陵主要分布在闽江及其支流大樟溪两岸以及罗源县沿海。低丘陵主要分布在闽江、鳌江和龙江两侧及沿海和岛屿地区。在连江琯头、长乐江田福清东瀚一带,由花岗岩构成的丘陵,沿节理进行球形风化,发育成石蛋地貌。比较著名的有福州市南台岛高盖山、连江县东北部的黄岐半岛丘陵、福清东瀚丘陵、江阴丘陵、君山丘陵等。

2.4.3 台地(岗地)

台地是介于丘陵与平原之间的过渡地貌类型,多发育在地壳运动相对稳定或缓慢上升的地区,顶面较平整或呈波状起伏,主要分布在福清市东部和平潭县。成因类型多样,有侵蚀、剥蚀红土台地,部分为冲、洪积台地。台地多已辟为农地、果园或林地。面积较大的台地有福清市龙高半岛龙高台地和福清市宏路一带石竹山东侧宏路台地。

2.4.4 盆地

盆地主要分布于本区西部、北部的山地丘陵地区,多为山间河谷盆地。主要盆地有:福州盆地;闽清县的坂东盆地、东桥盆地;闽侯县的大湖盆地、洋里盆地;永泰县的城关盆地、葛岭盆地、梧桐盆地;罗源县的起步盆地、霍口盆地;连江县的丹阳盆地、潘渡盆地;福清市的镜洋盆地、东张盆地。

2.4.5 平原

按形态、成因差异,平原可分为冲积平原、冲积-洪积平原、海积平原、冲积-海积平原、风积平原及河谷平原等。

福州平原系福建省四大平原之一。位于闽江下游地区,西起闽侯侯官,东至长乐高安,北自福州斗顶,南至闽侯大义。四周山地环绕,状似菱形。平原地势低平,海拔多在5m以下,一般为3~4m,在山前局部地带可达10~25m。海潮顺闽江可终年到达,故属于"准点平原"性质。福州平原是在中更新世断陷盆地基础上经过河、海长期相互作用形成的堆积平原,堆积层厚度一般为30~40m,局部地方可达70m。其第四系沉积物自下而上依次为中更新世残积物→晚更新世河→海相沉积物→全新世河→海相沉积物,故福州平原成因类型属于冲积-海积平原。福州平原上分布着不少的孤山、残丘。在福州城内,有屏山(62m)、于山(52m)和乌山(89m)。

其他比较大的平原有连江平原、长乐滨海平原、福清平原和平潭岛西北芦洋埔平原。

2.4.6 沙洲

沙洲指河床内流水堆积而成的泥沙质的小岛。福州地区多见于闽江下游狭窄河床的上端或下方,或居于江心,或处在河床两侧。它主要是由流速减缓、流向改变导致泥沙落淤而成。一般迎水坡侵蚀,坡度较陡;背水坡堆积,坡度较缓。具交错层理和水平层理。主要沙洲有仓山区龙潭角中洲、仓山区上渡与台江区苍霞洲之间江心洲、三县洲、江中洲、汶洲、雁行洲等。

福州海岸线漫长,海岸地貌类型有基岩海岸、砂质海岸、淤泥质海岸、河口海岸和红树林海岸等5种海岸地貌类型。

福州地区基岩海岸多由花岗岩或火山岩组成,主要分布在罗源鉴江半岛、连江黄岐半岛和平潭岛。海蚀地貌(如海蚀崖、海蚀平台、海蚀洞穴、海蚀柱、海蚀拱桥等)极其发育,尤其平潭岛,是著名的旅游景点。

福州地区砂质海岸由中、细砂组成,分布在长乐梅花至江田的海滨。海岸平直,滩面和缓,可作为海滨浴场。著名的旅游景点有长乐下沙。来自闽江的泥沙在沿岸流的推动下,被波浪推到岸边堆积,然后在风的搬运作用下,形成沙堆、新月形沙丘、新月形沙丘链和纵沙垄等风沙地貌。

淤泥质海岸海滩上覆盖着深厚的淤泥层,系在相对稳定风小浪低的环境下,由海水沉积而成,多分布在港湾内侧和背风地段。罗源湾内侧、黄岐半岛背风坡海滨和福清湾内,多适合养殖,也是著名的福州远郊休闲娱乐之处。

福州地区河口海岸主要由闽江所带来的泥沙所组成,滩面主要分布在闽江口。

福州地区红树林海岸仅分布于罗源湾西侧,里面生长着红树林,树种为秋茄,高约1m。但近年来多为大米草所占据。

参考文献:

福建省地质矿产局,1982.福建省区域地质志[M].北京:地质出版社.

福建省地质矿产区调队第四分队,1987.区域地质调查报告(1∶5万福州市幅,1∶5万马尾镇幅,1∶5万长乐县幅,1∶5万琯头镇幅)[R].宁德:福建省地质矿产区调队第四分队.

第 3 章　罗源湾大澳—三头牛实习路线

目的	• 理解地层的各种接触关系 • 建立区域演化的概念
技能	• 整合和不整合的认识 • 熔结凝灰岩、凝灰岩、流纹岩、花岗岩、砾岩、砂岩的特征 • 侵蚀型海岸地貌

3.1　地层

根据 1∶5 万罗源幅地层划分，本工作区地层为下白垩统石帽山群寨下组。寨下组上段（K_1z^2）岩性主要为紫红色熔结凝灰岩、凝灰熔岩，为本区主要岩石。在测区外侧数百米范围内见少量寨下组下段（K_1z^1）凝灰质砾岩、凝灰质砂岩和凝灰质泥岩。

工作区岩石主要为熔结凝灰岩（K_1z^2），占测区岩石出露面积的 90% 以上。岩石为紫红色，含大量塑性岩屑和浆屑，塑性岩屑大小不一，一般宽数厘米，长数厘米以上。含量占岩石总体积的 10%～15%。形状呈条带状、火焰状、撕裂状等，偶呈团块状、透镜体状。晶屑约占 10%，为钾长石和石英，其中钾长石占晶屑的 80% 左右，粒度在 0.5～2mm 之间。刚性岩屑约占岩石体积的 5%，多为玻璃质流纹岩。

塑性岩屑多压扁拉长，并围绕晶屑和刚性岩屑。寨下组上段（K_1z^2）下部见集块岩，浅灰色，含大量火山弹、火山块和火山角砾。火山块成分复杂，大小不一，无分选、无磨圆，粒度一般为 10～20cm，成分多为凝灰岩、流纹岩，也包括少量花岗岩。

火山集块岩、火山角砾岩也分布于钻孔之中。在 ZK-9 孔深 35～50m 中，也见火山集块岩、火山角砾岩和凝灰岩、熔结凝灰岩的互层（图 3-1）。

寨下组下段（K_1z^1）分布于新奥村寺庙处和下寨村。新奥村处可见巨厚层凝灰质砾岩与中薄层凝灰质砂岩和粉砂岩互层。在下寨等处，多见凝灰质砂岩粉砂岩以火山块的形式夹于熔结凝灰岩之中。在和花岗岩接触界面附近的寨下组下段（K_1z^1）下部，可见巨厚的火山集块岩、火山角砾岩等，野外可见厚度为 6m 左右，发育有水平层理、楔状层理，集块岩中可见大量 30cm 以上的流纹岩、熔结凝灰岩以及花岗岩火山集块。

此外，寨下组下段（K_1z^1）的上部，分布一层花岗岩砾岩。砾岩中花岗岩砾石几乎无分选、无磨圆，大小不一，大者可达 1m 以上，出露于 001 号电塔下（新奥村后绝壁），砾岩中偶见熔结凝灰岩角砾。

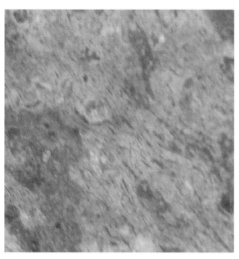 

图 3-1 熔结凝灰岩(左)和寨下组上段底部牛粪状火山弹(右)

3.2 岩浆岩

工作区岩浆岩主要为辉绿岩,东南侧工作区外分布花岗岩。ZK-10 揭露岩芯为花岗岩。

岩浆岩为黑云母花岗岩,分布于测区外东南部大帽山,野外未见明显接触界面露头,但石帽山群火山角砾岩和集块岩中间有花岗岩岩屑,故推测花岗岩岩体早于石帽山群火山碎屑岩,两者之间为不整合接触关系(图 3-2)。

图 3-2 花岗岩和石帽山群下段的接触界线(左)和火山集块岩中花岗岩角砾(右)

3.3 构造

根据岩层和产状的分布,工作区总体南东(新奥、上楼一带)地层北东倾向,倾角 32°～50°。工作区北东(下寨)地层南东倾斜,下寨北侧山脊由压扁拉长的塑性岩屑显示的流面产状为 160°∠45°。总体呈向斜的形式(图 3-3)。

3.3.1 节理

本区节理主要发育北西西向和北北东向两组区域性节理,山脊和沟谷基本沿着节理走向展布。

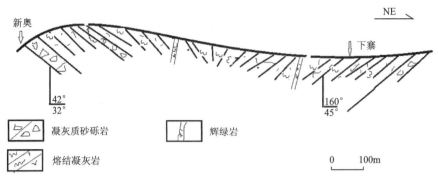

图 3-3 新奥到下寨信手剖面

3.3.2 断层

在测区南侧沿海公路边上楼附近,见 1 条由密集节理带构成的断层带,断层带宽 3～5m,产状 220°∠80°,节理带内见宽 1m 左右的辉绿岩脉,辉绿岩产状同节理产状。断层带内节理间距在 1～5cm 之间,部分见碎块状角砾状断层破碎,辉绿岩本身没有破碎,说明断层作用是在辉绿岩侵入之前。

3.4 实习路线和要求(图 3-4)

图 3-4 大澳—蝴蝶山地质剖面观察

点 1:观察花岗岩及其中区域性节理。

点 2:观察熔结凝灰岩的风化与山前冲洪积、海积物特征。

点 3:观察熔结凝灰岩的特征及附近断层面产状和断层两侧岩性变化。

点 4:观察花岗岩中节理和辉绿岩的关系。

点 5:观察火山集块岩的特征。

点 6:观察流纹岩、花岗岩、凝灰质砂岩及其接触关系。

点 7:观察凝灰质砂砾岩、砂岩的特征和产状及与上覆岩层的关系。

点 8:观察熔结凝灰岩中节理。

点9:观察钻孔岩性。

点10:观察波切台、海蚀崖、海蚀穴。

参考文献：

福建省闽西地质大队,1988.1∶5万福建省罗源湾地区工程地质图[R].南平:福建省闽西地质大队.

第 4 章　登云水库隧道路线

目的	• 建立地质调查的主题馆 • 把地质调查应用于工程中
技能	• 识别和描述冲洪积物、冲积扇 • 识别和描述断层、断层线、断层岩 • 流纹岩、霏细岩的识别 • 地质灾害评估

实习区位于福州东部鼓山脚下,交通十分便利。

工作区大地构造位置属于闽东火山断裂带的中部。闽东火山断裂带是福建东南沿海的控制性地质构造,大致呈北东-南西向分布,西北以长乐-东山断裂带与为界,与福鼎-云霄断陷带相邻,东濒台湾海峡,宽 38～58km,长 400 余千米。区内广泛分布着燕山期岩浆岩及侏罗纪火成岩,同时,还出露有从中生代侏罗纪至新生代第四纪的地层。区内构造带以北东向为主,同时见北北东向、近南北向构造。

工作区位于福州盆地东侧的鼓岭隆起带边缘。由于新构造运动,晚更新世以来,福州地区快速下降,形成断陷盆地;而周边的鼓岭-北峰等则继承了新近纪以来的上升运动,幅度较大,形成了山高谷深的地貌景观,其上由于间歇性的上升运动,形成一些规模不大的山间盆地,如福州涌泉寺等。

工作区附近的区域性断裂带为鹅鼻岭-铜盘断裂,该断裂位于工作区北侧 2.5km 处,北东东向展布,长约 13km。断裂中岩石强烈破碎,局部发生韧性剪切作用,见片理化和糜棱岩,沿着断裂见正长石英岩脉和辉绿岩脉贯入。

4.1　主要地层

4.1.1　第四系

区内出露第四系为残坡积物和冲积物。残坡积物多为碎块状、土状。厚度分布不均匀,较厚的残积层一般位于山体坡面凹陷处或者顺冲沟发育,如在工作区南端水厂水库附近,花岗岩土状风化形成的残积层厚达 4～6m,残积层内岩石均已风化成土状、砂土状,分布多不连续,呈数十平方米到数百平方米的块状。

坡积物在山坡坡脚下是普遍存在的,一般厚 0～2m。个别地方如隧道南侧附近,见巨厚的坡积物和冲积物堆积。坡积物主要是巨大的砾石(20～40cm),砾石成分复杂,主要为流纹岩、花岗斑岩和辉绿岩,次棱角状到次圆状,说明经历过短距离搬运。

冲积物主要位于工作区中段登云水库高尔夫球场,厚3～5m,主要为砾石、卵石和砂土。

4.1.2 南园组火山碎屑岩和熔岩

工作区主要分布岩性为流纹岩和凝灰岩。

流纹岩大致分两种:一种为肉红色,斑状结构,斑晶一般为钾长石,少量石英斑晶,大小在0.5～2mm之间,含量在15%～30%之间,基质为霏细结构,主要分布于隧道北段;另一种是无斑霏细岩,灰白色,主要分布于隧道南段山顶,偶见凝灰岩。

4.2 侵入岩

工作区侵入岩为中粗粒黑云母花岗岩和辉绿岩。

黑云母花岗岩主要分布于工作区南北两侧。浅肉红色、土黄色,花岗结构,块状构造。矿物粒度为2～5mm,钾长石占45%,斜长石占25%,石英占25%,其余多为黑云母,副矿物为磁铁矿和锆石等。

工作区常见辉绿岩脉,宽度不一,多见分叉状。一般宽0.5～2m,偶见宽4m以上辉绿岩脉。产状北东向、北东东向。辉绿结构,露头多见球形风化。

4.3 地质构造

工作区主要岩石为流纹岩,构造相对单一(图4-1)。隧道两端见花岗岩,北段花岗岩与流纹岩之间为断层接触,南段为侵入接触。区内辉绿岩脉走向为北东—北东东向,与区域构造线一致。

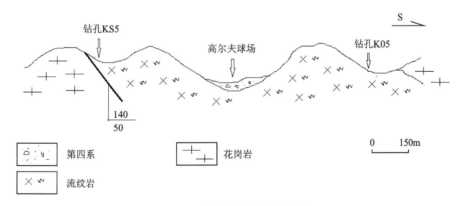

图4-1 沿隧道走向信手剖面

工作区优势节理有两组:北西向、北东向。北东向节理产状陡直,倾向多为320°～330°,亦见130°～140°。北西向节理产状60°～70°∠70°～87°。两组节理节理面陡直、光滑,延伸数十米以上,产状相对稳定,为X型剪节理。同时发育其他方向节理,其中顺坡向缓倾斜节理普遍发育,产状随着坡向不同而不同。

区域性节理控制了本区冲沟和水系的分布。各种微地貌均显示强烈的节理控制迹象。工作区内露头和钻孔揭示的断层只有 1 条(F1)(图 4-2)。

图 4-2　F1 断层两侧花岗岩与流纹岩以断层接触

F1 断层带位于钻孔 KS8 北侧 20 多米处,宽 2～30cm,产状 140°∠50°,地表可追索长度 200m 以上。岩石强烈破碎,研磨为断层泥,绿泥石化强烈。

在主断层两侧逐渐过渡为构造强化带,强化带宽 2～4m,带内表现为节理非常密集,节理密度一般为 10～30 条/m。该条断层在钻孔 KS8 中也有显示,在钻孔 52～56m 处,可见花岗岩和流纹岩均强烈碎裂岩化。

4.4　实习路线和要求(图 4-3)

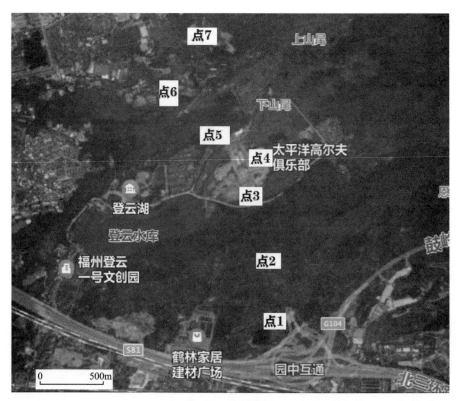

图 4-3　实习路线

点1:水库附近,花岗岩砂土状风化,观察岩性界线。

点2:观察节理、断层。

点3:观察残坡积物、辉绿岩。

点4:观察冲沟、水文地质。

点5:观察岩性、节理。

点6:观察断层。

点7:观察冲洪积物。

参考文献:

福建省地质矿产局,1989.1∶5万福州市幅区域调查报告[R].福州:福建省地质矿产局.

第 5 章 福州连江可门港实习路线

目的	• 熟练火山岩地区工作方法 • 建立地质演化的概念 • 根据地貌特征推测岩性
技能	• 观察并描述断层的蚀变与劈理化 • 石英脉、方解石脉的认识和描述 • 火山弹、塑性岩屑、球形风化、火山集块等的区别

实习区位于福州连江可门港。可门港地区正在进行大规模建设,露头规模巨大,岩石十分新鲜,火山碎屑岩种类非常齐全,断层发育,是不可多得的实习区域。

5.1 岩性

5.1.1 地层

本区地层(K_1z^2)主要是熔结凝灰岩、凝灰岩、凝灰质砂岩和凝灰质粉砂岩以及少量英安岩夹层。

测区大部分地区出露流纹质岩屑晶屑熔结凝灰岩(图 5-1)。凝灰岩中塑性条带非常发育,常成 S 状弯曲,火焰状、撕裂状和条带状居多。熔结凝灰岩中晶屑主要为钾长石和石英,有时含少量不规则岩屑。

图 5-1 含角砾流纹质岩屑晶屑熔结凝灰岩(左),
隧道口西侧路边火山角砾岩、火山集块岩以及凝灰质砂岩的互层(右)

火山角砾岩、火山集块岩通常与凝灰质砂岩和凝灰质粉砂岩互层,工作区主要出露于两处:隧道北口两侧公路和水库西侧岸坡上。上述岩石露头宽度一般为 2～6m。

5.1.2 岩浆岩

区内岩浆岩主要是辉绿岩脉。水库大坝处见平行于大坝的2~4m宽辉绿岩脉,产状陡直(300°∠82°),可追索长度150m以上。

另外,偶见宽数米的英安岩夹层夹于流纹质熔结凝灰岩之中。英安岩,斑状结构,斑晶为斜长石,斑晶大小为1~2mm,斑晶占岩石体积比的35%左右,基质为玻璃质。

5.2 构造

地层产状总体东南倾,大部分倾向在150°~170°之间,少量南西倾斜。根据岩性出露的层序,工作区从北到南可以看到两个喷发旋回。

第一个旋回从隧道口海湾处开始,底部为火山角砾岩、火山集块岩、凝灰质砂岩和粉砂岩等,然后逐渐过渡到凝灰岩、流纹质岩屑晶屑熔结凝灰岩(图5-2)。沿着隧道东侧发育的冲沟,两岸陡直,为典型的V形谷,其两岸陡壁基本都是坚硬的熔结凝灰岩。区内节理主要为北东向和北西向两组剪节理,山脊和沟谷基本沿着节理展布。

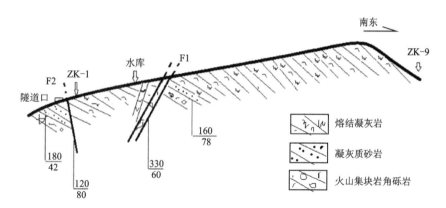

图5-2 从北隧道口到9号孔信手剖面

区内见两条断层。F1断层在水库库底西,宽2~4m,产状330°∠60°。断层带内节理密集,熔结凝灰岩和凝灰质砂岩被切割成大小不一的块体,有一定程度的透镜体化。断层角砾约占岩石体积比的70%以上。其余为数厘米岩石碎块和断层泥等构成的基质(图5-3)。

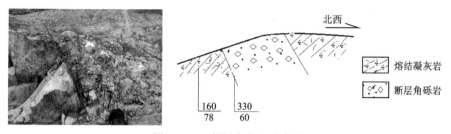

图5-3 F1断层产状和示意图

F2断层位于北隧道口北侧约20m处,产状120°∠80°,破碎带宽3~4m,中间为宽1m左右的辉绿岩,两边围岩为熔结凝灰岩。熔结凝灰岩强烈破碎,并劈理化(图5-4)。

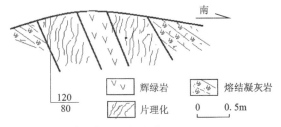

图 5-4　F2 断层中的劈理带和辉绿岩脉

5.3　实习路线和要求（图 5-5）

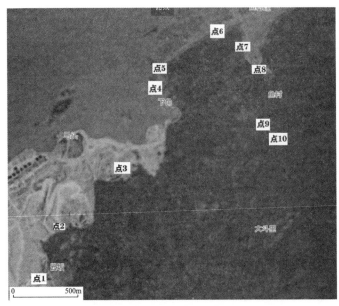

图 5-5　可门港实习剖面

点 1：观察熔结凝灰岩、凝灰岩。

点 2：观察辉绿岩沿断层的分布。

点 3：观察断层蚀变带。

点 4：观察岩性变化点——花岗岩和火山碎屑岩接触点。

点 5：观察波切台、辉绿岩、凝灰质砂岩砂砾岩、层理、差异风化。

点 6：观察低角度顺层断层。

点 7：观察凝灰质砂岩与熔结凝灰岩互层。

点 8：观察断层带及其蚀变，辉绿岩脉的风化。

点 9：观察安山岩、火山弹。

参考文献：

福建省闽西地质大队，1988.1∶5 万福建省罗源湾地区工程地质图[R].南平：福建省闽西地质大队.

第6章　皇帝洞—寿山石古矿洞路线

目的	• 青年期峡谷地貌的发育 • 以畲族文化的保留与发展为例,培养和锻炼综合规划能力 • 建立和体会绿水青山就是金山银山的思想
技能	• 凝灰岩特征与描述 • 构造的识别以及其对地貌的控制 • 地质剖面图和素描图的绘制 • 地质记录 • 掌握乡村规划的步骤和要素 • 寿山石成因与古矿洞的保护

实习区位于福州晋安区北部,距离福州市区约40km。本实习分3个部分:皇帝洞大峡谷地貌、畲家古村落参观和寿山石古矿洞参观。

6.1　皇帝洞景区

福州皇帝洞景区,距福州市区约45km,位于福州市日溪乡与连江县小沧乡及罗源县霍口乡交界处,面积逾12 000多亩,属于寿山国家矿山公园的重要组成部分,是福建省重点自然保护区之一。

皇帝洞景区地质上以深切的峡谷地貌、瀑布群为特征,文化上融合畲族文化、道教文化、闽王入闽古道、状元桥、玄帝庙、古仕途文化、祈福文化等人文景观为一体,是福建省迄今发现的峡谷形态最典型、瀑布数量最多、生态保护极好、人文景观极其丰富的大峡谷湖泊景区(图6-1)。

皇帝洞虽名字叫洞,实际为一深切峡谷,为典型的青年期地貌,河谷形态由构造(节理、断层)控制。岩石为白垩纪火山岩(流纹质晶屑凝灰岩为主)。在地表流水沿断裂和节理冲蚀、切割作用下形成典型的V形大峡谷。峡谷长约5km,高差达400余米。峡谷内大小瀑布总共有20余处,最大落差近76m。

区内出露地层为小溪组。小溪组可以分为3段,下段以紫红色凝灰质粉砂岩、砂岩夹条带状硅质岩、泥岩为主,中段以灰白色流纹岩、流纹质晶屑凝灰岩和含角砾晶屑凝灰岩为主,上段以紫红色钾长流纹岩、球泡流纹岩熔结凝灰岩为主。

图 6-1 皇帝洞落差 76m 的大瀑布(左),凝灰质砂岩、粉砂岩整体层理比较明显(右)

区内河曲呈折线状分布,主要受到北东东向和北西向两组节理控制,在百丈崖附近由于断层的存在,河流急剧拐弯。

路线主要观测内容和要求(图 6-2)。

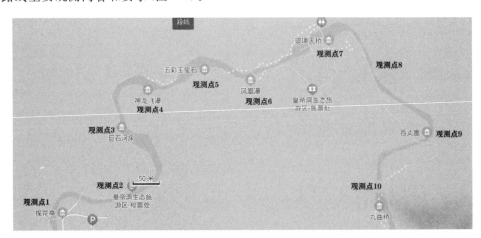

图 6-2 皇帝洞景区地质观测路线图

观测点 1:位置为探花亭,主要观测河漫滩、阶地的分布以及观察凝灰质粉砂岩、砂岩。

观测点 2:观察含角砾熔结凝灰岩、凝灰岩,测量节理,观察河道。

观察点 3:鉴定和测量层理。分析节理和河道的关系。分析此地非常平坦的河道的成因,并观察小型瀑布和壶穴。

观察点 4:描述岩性,重点观察节理、地层和瀑布的关系,并作素描图。

观察点 5:识别凝灰岩中流纹岩夹层,描述河谷两侧地貌。

观察点 6:完整的瀑布形成过程推演。

观察点 7:重点观察皇帝洞中含角砾熔结凝灰岩、晶屑凝灰岩,识别与描述层理,描述流纹岩夹层,描述瀑布特征和成因。

观察点 8:观察和描述近直立悬崖的形成和深切峡谷特征及河谷中卵石。

观察点 9:识别与描述断层。

第6章 皇帝洞—寿山石古矿洞路线

观察点10：分析河流直角拐弯的成因。不同植物群落的反应的垂直生态系统变化及河道变化的观察与分析。

6.2 中国畲山水景区参观

中国畲山水景区位于福州罗源县霍口乡，距离福州皇帝洞景区约17km，素有"畲山、畲水、畲寨、纯净世界"之美称，是体会"绿水青山就是金山银山"的最佳场所之一。

调查主要内容如下。

畲族古民居：畲族主要聚居山区的丘陵、山谷盆地。因此在建设民居的时候，自然选择避风向阳、水源充沛的地方。常见门前一湾碧水，屋后小溪潺潺的绝佳生存居住环境。同时福建属于亚热带地区，畲族人民更是在村寨四周栽种各种毛竹、果树。村口有树能挡风，屋后种树能蓄水，空气也格外新鲜。这便是畲族谚语"造成风水画成龙"的来历和含义。其建筑风格和徽派建筑既有相似之处，如山墙等，又截然不同。反映出畲族人民在长期的实践中，逐渐与自然合二为一（图6-3左）。在畲山水随处可见清幽古道，潺潺溪水，山水相依，曲径通幽，和传统的江南水乡完全迥异，是现代人回归自然的绝佳场所和理想选择。

畲山天然次生林和原始森林：实习区地形起伏较大，构成复杂的山地小气候，昼夜温差大，具有适宜多样性动植物生长的环境。实习区内原生植被保护良好，有红豆杉、刺桫椤、花榈木、建楠等国家一、二级保护植物。同时发育成片的百年红枫林。

参观梓山村，和村民座谈，就古建筑保护、经济建设和生态环境保护等献言献策（图6-3右）。

图6-3 畲族村落的开发与保护讨论（邀请专家与村民交流）（左），参观美丽乡村建设，加强思政建设（右）

6.3 寿山古矿洞参观

寿山石是福建省福州市特产，中国传统"四大印章石"之一。分布在福州市北郊晋安区与连江县、罗源县交界处的"寿山乡"一带。寿山石至少在1500多年前的南朝，便已被作为雕刻的材料进行采掘。清时期，因其色黄，清代的几任皇帝对其钟爱有加，寿山石因此成为宫廷御用品，以寿山石作为篆刻材料的风气尤为盛行。现出于稀缺矿产保护目的，大部分矿山（矿洞）已经关闭。

寿山石主要矿物组成为地开石、叶蜡石和高岭石，硬度较小。寿山石的分类非常复杂，通常根据产地的地质地貌环境，分为"田坑""水坑"和"山坑"三大类。因为产于水田底，又多现黄色，故称为田坑石或田黄。

寿山石是典型的火山岩热液蚀变产物。在晚侏罗世—早白垩世,酸性岩浆沿着断裂上升,形成串珠状的火山口或者喷发洼地。期间堆积了数千米厚的火山碎屑岩和流纹岩、安山岩等。在晚侏罗世之后,岩浆期后热液沿着寿山-峨眉等北北西向断裂带上升,与火山岩地层发生化学反应,从而形成一系列脉状热液蚀变矿床,如叶蜡石、地开石等。

寿山石古矿洞景区寿山村附近约 2km 处,现已禁止开采,仅供参观。主要知识点如下。

(1)矿脉的概念。寿山石(叶蜡石)等沿着裂隙分布,成板状形态。直观了解矿脉的产状、厚度、延伸状态等。

(2)充分理解矿脉与围岩的概念。

(3)听导游讲解古代开采技术。

(4)观察习近平主席参观寿山石矿洞(图 6-4)。体会习近平主席关于对古矿洞进行保护的指示。

图 6-4 寿山石古矿洞(左),参观习近平主席抚摸过的寿山石矿脉(右)

(5)矿洞外矿渣捡漏。可以随意刻画、带走寿山石的边角料,体会叶蜡石的硬度,以及集合体的形态等。

6.4 参观中国寿山石馆

中国寿山石馆位于福州市晋安区寿山村。为中国唯一由政府主办的介绍寿山石的专业馆所。建筑物共 3 层,第一层介绍寿山石的成因、特征和相关文化。第二层为寿山石原石展览。第三层为寿山石名家雕刻产品(图 6-5)。参观后,要求学生对寿山石的文化内涵、地质成因以及工艺欣赏等有基本了解。

图 6-5 寿山石雕件

参考资料:

福建省地质矿产开发局,2000.1∶5 万潘渡幅地质图[R].福州:福建省地质矿产开发局.

第 7 章　福建福鼎烟墩山实习剖面

目的	• 理解工程地质的意义 • 野外断层的实测与推测 • 三维立体地质思维的建立
技能	• 识别硅化带的特征 • 识别燧石结核、粉砂岩的铅笔构造

实习区位于福建省宁德市福鼎市。福鼎市位于福建省东北部,东南濒东海,北部接浙江苍南县。福鼎境内地势呈东北、西北、西南向中部和东南沿海波状倾斜。除港湾地带有冲积小平原外,均为山峦起伏的丘陵地。福鼎市属东亚热带海洋性季风气候,气候温和,温暖湿润,雨量充沛。多年平均气温 18.4℃,1 月平均气温 8.9℃。交通便利,沈海高速、温福铁路经过福鼎市。其南部约 30km 为太姥山花岗岩石蛋地貌。北部 30km 为雁荡山火山岩地貌。

7.1　区域地质概况

工作区地处东亚大陆边缘濒太平洋新华夏系构造带中,同时亦属于东南沿海火山岩带的一部分,中生代,特别是晚侏罗世—早白垩世火山岩广泛发育,基底岩石出露甚少。

工作区为挟持于两条北东向区域大断裂之间的相对稳定地块,其西北侧 30～40km 为管阳-松罗大断裂,东南侧 8～12km 为福鼎-霞浦大断裂。西南侧为柘荣-翁溪东西向断裂带。

管阳-松罗断裂带宽约 20km,长约 70km,断裂带主要由一系列北北东走向的压性断裂以及次一级的张扭、压扭性断层组成,带内断层两侧岩石十分破碎,往往发育不同宽度的破碎带,硅化、叶蜡石化和绿帘石化等十分普遍。

福鼎-霞浦断裂带北起浙江省信智以北,南到间峡以南没入大海,长达 90km 以上,断裂带内断层、岩体均呈北北东方向,山脉、岛屿以及海岸线的展布均循此方向。该断层带内面理化、叶蜡石化和硅化等十分发育,局部见构造透镜体和断层角砾岩。

7.2　主要地层

区内出露的地层有第四系和南园组—寨下组火山岩。

全新世长乐组分布于隧道出口以东(村下村)地区的海湾。长乐组在隧道出口以东主要以海积层为主,夹少量冲洪积层。海积层岩性组合单一,以一套灰色淤泥为主,呈软塑性,质地较为纯洁,偶见少量贝壳和植物碎片,厚度一般为 3～8m。冲洪积层上部为一套灰黄色(砂砾质)黏土、淤泥组成的根植层,较为松散,厚度为1~2m不等,下部为灰色、灰白色黏土,高岭土含量较高,局部杂有少量的碎砾石。

除少量冲沟和个别山脊外,残积层(Q^d)基本覆盖整个区域,主要由火山岩、火山碎屑岩和沉积岩经过长期物理、化学风化等形成,上部一般为砖红色砂质黏土,下部一般为浅黄色、灰白色,并过渡为基岩,厚度一般为0~30cm,局部在山脚处可达2m以上。

晚更新世东山组(Qp_3d)分布于隧道进口大厝基村以西。主要为洪积物,洪积物在大厝基村东侧多以巨大的砾石夹砂质成分为特征,向西逐渐过渡为海积物。洪积物中砾石以附近的火山岩为主,多呈棱角状和次圆状,一般为30~50cm,个别达1m以上,向西逐渐变为砖红色砂砾质黏土和火山碎屑岩碎块。

早白垩世石帽山群下组上段(K_1sh^b)为工作区最主要的岩石单元,分布于整个工作区。根据岩性组合,可分为上、下两个岩性段,其上部为一套以红色凝灰质粉砂岩为主,夹杂凝灰质砂岩、砂砾岩的凝灰质沉积岩组合,层理清楚,产状平缓,主要出露于隧道西段。下部以流纹质晶屑凝灰熔岩为主,夹杂晶屑凝灰岩(图7-1)。流纹质晶屑凝灰熔岩分布于山脊两侧,肉红色,晶屑含量为35%~40%,粒度为0.5~2mm,主要成分为石英、钾长石和斜长石,其中石英占晶屑含量的30%上下,含极少量斑晶,偶含少量岩屑,其中见少量流纹质晶屑凝灰岩。

图7-1 凝灰质砂岩中的燧石结核(左),铅笔构造发育的粉砂岩(右)

7.3 侵入岩

实习区见花岗斑岩脉1条,位于山南西侧,宽5~7m,产状240°∠76°。地表追索长度可达300m以上。斑状结构,斑晶含量35%以上,为钾长石和石英,粒度为3~6mm,基质为隐晶(图7-2)。

图7-2 花岗斑岩

7.4 地质构造

工作区总体为一单斜构造,下部为凝灰熔岩,上部覆盖产状平缓的粉砂岩、砂岩和砂砾岩。粉砂岩总体向南西倾,局部向南东和北西倾,倾角一般在 5°～37°之间(图 7-3)。

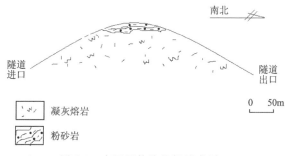

图 7-3 实习区构造格架示意图

7.4.1 节理

工作区优势节理有 3 组:东西向、北东向和北西向,产状分别为 160°～180°∠70°～88°、210°～260°∠70°～88°和 120°～140°∠35°～57°。一般近东西向和北西向两组节理节理面陡直、光滑,延伸超过数十米,产状相对稳定,为 X 型剪节理,节理密度一般为 2～3 条/m,同时发育其他方向节理。

区域性节理控制了本区冲沟和水系的分布。例如发育于隧道进口(大厝基)的 3 条冲沟就是追踪东西向和北东向节理发育,在冲沟壁上可观察到良好的节理面。发育于隧道出口(洋头)南侧冲沟系主要追踪东西向节理发育,在野外可观察到冲沟沿不同方向节理成锯齿状或折线状分布。

节理对本地区基岩的风化也有深刻的影响。在局部地区,3 组或者以上节理的切割和互相连通,在地下水的作用下,凝灰熔岩发生强烈的化学风化,形成超过 2～3m 的强砂土状风化层。出露于工作区中部和西南部的粉红色粉砂岩,由于节理和层理的切割,形成非常发育的铅笔状构造。

7.4.2 断层带

工作区内出露一条断层带(F1)和一条张性断层(F2)。

F1 为一条宽 3～7m 的断层带,产状 240°∠76°,基本平行于花岗斑岩脉体展布(图 7-4)。

图 7-4 F1 断层中的碎裂岩

带内见 2~3 条高度破裂面。带内岩石绿泥石化、硅化非常强烈,部分地段沿破裂面发育韧性变形形成的面理构造。

F2 断层断层面舒缓波状,沿走向和倾向均有涨缩现象,断层带内石英脉和萤石脉极其发育,根据脉体之间的穿插关系,判断该断层至少有 3 期活动,最后一期为正断层运动(图 7-5)。

图 7-5　F2 断层带中宽 1m 以上的萤石和石英脉矿

F2 断层横切中部隧道,带内岩石破碎,可能会引起塌方和透水,是未来工程勘察的重点。

7.5　实习路线和要求(图 7-6)

图 7-6　福鼎实习路线

点 1:观察并描述凝灰质砂岩、粉砂岩、燧石结核,层理。

点 2:观察并描述断层中的水晶晶体和萤石。

点 3:断层的判断,观察并描述标志层。

点 4:观察并描述花岗斑岩脉。

点 5:观察并描述水文点,测量流量和流速。

点 6:观察并描述硅化带。

点 7:观察并描述缓倾斜红色粉砂岩中的铅笔构造。

点 8:观察凝灰岩和凝灰熔岩的特征。

点 9:凝灰熔岩中节理的测量和配套。

第8章　平潭岛马腿—福清东瀚实习路线

目的	• 理解合理野外路线对地质调查的影响和意义 • 变质作用的认识 • 复杂地质体接触关系的解析 • 了解福建沿海典型花岗岩石蛋地貌
技能	• 韧性变形特征的观察和描述 • 元古宙片麻岩的观察和描述 • 火山机构的识别和描述 • 风化层的描述 • 粒序层理的观察和描述

实习区位于福建福州市平潭跨海大桥两侧。大桥西南侧为东瀚镇,东北侧为娘宫。

8.1　地层

区内出露的地层相对简单,现从新到老描述如下。

8.1.1　第四系(Q)

工作区内为第四系更新统长乐组冲洪积物和残坡积土($Q^{al+pl+dl}$),分布于整个测区,由灰白色含砾砂质黏土、松散砂砾层等组成,常含有巨大砾石。同时在工作区冲沟中也有一定分布。残积层(Q^{el})基本覆盖整个区域,主要由花岗岩和火山岩类经过长期物理、化学风化等形成。下部一般浅黄色、灰白色,并过渡为基岩,上部为砖红色砂质黏土,厚度一般为数十厘米到数米。部分地段有海积层(Qhc^m),分布于测区东南部沃口—下海一带。岩性为深灰色粉砂质淤泥、淤泥质黏土、砂质黏土等。

8.1.2　侏罗系上统南园组(J_3n)和长林组(J_3c)

南园组第三段J_3n^3岩性为测区内分布最广的岩石,由中酸性火山碎屑岩、火山碎屑熔岩等组成。岩性主要为深灰色英安质熔岩集块岩、英安质晶屑凝灰熔岩、英安质火山角砾岩(图8-1)、英安质晶屑凝灰岩、英安岩、流纹岩等。

该段在北营火山岩喷发不整合覆盖在中元古代上楼单元(Pt_2s)之上,在东京山的镜柄可见该段火山岩喷发不整合在上侏罗统长林组(J_3c)之上。

图 8-1　东京山英安质火山角砾岩

长林组出露于东京山南坡镜柄—沃口一带以及西南坡的镜口一带，面积约 2.8km²。其中镜口一带出露的为该组下部层位，主要岩性为灰色泥岩、凝灰质泥岩、粉砂岩等。在镜柄一带出露的为该组上部层位，主要岩性为薄层泥岩、凝灰质砂岩、凝灰岩夹泥岩、(含砾)沉凝灰岩等(图 8-2)。岩石普遍具有角岩化。

图 8-2　沙玉凝灰质粉砂岩和泥岩(左)，北营眼球状花岗岩(右)

东京山西南坡镜口一带该组下部层位表现为正常碎屑岩沉积岩—火山碎屑岩沉积岩—正常碎屑沉积岩的沉积韵律。镜柄一带，该组上部层位由两个火山碎屑沉积岩—沉火山碎屑岩韵律构成，发育粒序层理，其中粗粒凝灰砂岩的底部具有火焰状冲刷面、槽模。

8.2　侵入岩

侵入岩主要分布于测区南部和东北部边界。

中元古代眼球状中粒黑云母二长花岗岩(Pt_2S)分布于北营、南营北侧海岸线一带，被上侏罗统南园组不整合覆盖。见中粒似斑状花岗结构，眼球状、片麻状构造。似斑晶或眼球都呈不对称旋转残斑，基质拉长定向排列组成糜棱岩面理，侵位变形属于强变形。

侏罗纪侵入岩(J_3L)分布于马腿、南后澳等地，为中粒结构，偶见钾长石斑晶，斑晶含量约 5%。基质中钾长石含量为 40%，斜长石为 30%，石英为 25%，黑云母为 3%，其余有少量角闪石。副矿物为褐帘石、磁铁矿等(图 8-3)。

早白垩世侵入岩(K_1)分布于可门等地，为中粒少斑黑云母二长花岗岩。斑晶主要为钾长石，含量少于 5%。基质中钾长石为 30%，斜长石为 40%，石英为 26%，黑云母为 5%。岩石中定向组构缺乏，副矿物以独居石磁铁矿为主。

图 8-3 马腿断层岩中的火山碎屑岩角砾

早白垩世侵入岩(K_1B)分布于海坛山西侧海岸,为中粒含斑黑云母二长花岗岩。其中钾长石含量约 29%,斜长石含量约 414%,石英含量为 25%,黑云母含量为 4%,角闪石含量小于 1%。

早白垩世侵入岩(K_1Dw)分布于大文笼等地,为中粒黑云母二长花岗岩。其中钾长石含量约 28%,斜长石含量约 44%,石英含量为 24%,黑云母含量为 12%,角闪石含量小于 1%。

花岗闪长斑岩脉($\gamma\delta\pi$)主要分布在后营南沃底西以及可门南一带。斑状结构,斑晶多为斜长石,少量钾长石和石英,斑晶含量约占 54% 以上。基质为隐晶质。此外尚有少量闪长岩脉、花岗斑岩脉等。上述脉体多分布于古火山口附近。

测区辉绿岩脉极其发育,侵入测区除第四系以外所有岩石之中。宽度一般 1~6m 不等,主要为南北向、北东向展布,也有大量北西向和东西向展布以及不规则分布。个别地段,辉绿岩间距 5~10m 就有 1 条,一般产状陡直,其中约 30% 为辉绿玢岩。

8.3 地质构造

测区位于中国东南沿海大陆边缘,属于福建东南沿海基地褶皱变质带的北端,以发育北东向韧性剪切带和断裂构造为主要特征。

韧性剪切带在本区基本可以分为两期。早期为出露于北营一带的强烈韧性变形的晋宁期岩体。其中发育糜棱岩、初糜棱岩等,压力影、S-C 组构以及 δ 旋斑指示其为右旋平移剪切带。晚期发育于马腿岛火山碎屑岩和花岗岩的接触边界。花岗岩本身沿界面发育微弱面理,火山碎屑岩局部动力变质为片岩或片理化,根据其中不对称 δ 旋斑等判断,亦为右行。由于韧性剪切带在岩石外表上和普通片岩和片麻岩相同,未见破裂,所以在工程上可等同于未变形岩石。这里重点介绍脆性断裂。

F1 断裂:沿可门东海岸分布,大致为南北向,265°∠60°,带宽 2~4m,其中岩石强烈片理化、碎裂岩化,硅质脉体充填胶结。

F2 断裂:自沃口到深坑底水库,全长约 2km,约北东 60°走向,岩石碎裂岩化。部分地段以发育密集的劈理面、裂隙带和构造透镜体等为特征。在花岗岩和凝灰岩熔岩接触地带,表现为脆韧性变形。

F3 断裂:北营海岸附近,北东走向,产状 160°∠40°,宽 3~5m,带内岩石强烈硅化、碎裂岩化,见构造透镜体。

F4 断裂：自南营到西来寺山，北北东走向，西倾。此断裂大部分地段被残积物覆盖。

F5 断裂：为推测断层，产状不明，自东瀚北到镜口北，北北西走向。

F6 断裂：自北榉匙到南后澳，北东 45°走向，南东倾。

F7 断裂：发育于海坛岛南侧离猴屿最近处，宽 1m 左右，产状 130°∠76°，由一系列 20°～30°走向密集断裂面组成。带内岩石普遍绿泥石化，局部地段硅化和碎裂岩化，并切过辉绿岩和花岗岩中的流纹岩包体。

F8 断裂：北东走向，断层沿着花岗岩和火山岩界限展布，断层带内，花岗岩碎块和流纹岩碎块互相混杂，并夹杂很多辉绿岩角砾（图 8-4）。花岗岩本身被一系列平行裂隙切割为碎裂岩。

图 8-4　F8 断裂带中碎裂岩和混杂岩（左），F12 断裂沿着沃口西山谷的展布（右）

F9 断裂：垃圾场南。北西走向，产状 40°∠60°，宽数十厘米，野外可见光滑平直的断层面，断层面上发育良好的阶步。

F10 断裂：从沙玉过山东到白墓，近东西向，南倾，倾角陡直。地表多被第四系覆盖，在山东一带地形明显显示断层通过痕迹。构造角砾岩不发育，系近东西向节理密集带。

F11 断裂：沿着山东西山脊到白墓，为 F10 断裂的分支断裂，性质同 F10。

F12 断裂：自沃口西山谷到陈庄，北西向展布。在地表表现为笔直的沟谷和水系（图 8-4）。在山脊处，出露密集节理带。

F13 断裂：自下海到高宅，东西向分布。倾角 85°左右，基本为密集平行裂隙带，局部地段岩石发育强烈绿泥石化和硅化。

F14 断裂：自北营到东京山东坡展布。该断层为火山岩和次火山岩的界线断层，地表表现为笔直光滑的断层崖。

工作区发育两组区域性节理，分别为北西向和北东向，同时发育其他方向局部节理。北西向和北东向两组节理，产状陡直，节理面光滑平直，延伸长，产状稳定，为 X 型剪节理。

在测区福清段，近南北向和近东西向节理非常发育，多成棋盘格式或 X 型剪节理形式分布，在节理密集地段，形成近东西向断裂带，如 F10、F11、F12 和 F13 断裂。

在侵入岩地区，由于区域节理产状稳定，倾角陡直，岩体北切割后形成典型的石蛋地貌（图 8-5）。

图 8-5　下海棋盘格式剪节理组(左),石蛋地貌(右)

8.4　实习路线和要求(图 8-6、图 8-7)

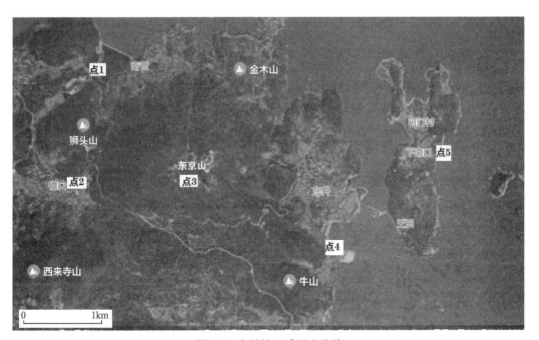

图 8-6　东瀚镇地质调查路线

点 1:眼球状中粒黑云母二长花岗岩的观察与描述。

点 2:断层识别与描述,以及沿线花岗岩石蛋地貌的识别。

点 3:东京山火山机构调查。

点 4:海积层观察。

点 5:断层观察。

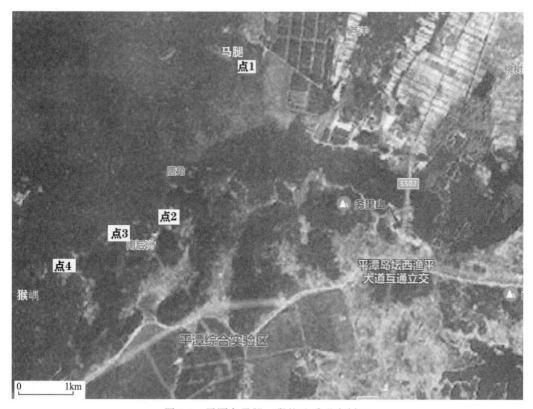

图 8-7 平潭岛马腿—猴屿地质观察剖面

点 1:观察并描述不同岩石单元界限、断层岩。

点 2:观察并描述海蚀地貌。

点 3:观察并描述花岗岩、凝灰岩、流纹岩、辉绿岩之间关系。

点 4:观察断层,根据断层角砾、互相切割等判断断层性质。

第9章　泰宁寨下大峡谷实习路线

目的	• 理解构造和地貌的关系 • 认识各种外动力地质作用
技能	• 描述丹霞地貌特征 • 解析红层盆地的演化历史

福建泰宁大金湖地质公园以齐全的丹霞地貌、花岗岩地貌和构造地貌等为特色。1994年1月,泰宁就被批准成为国家重点风景名胜区。2001年,泰宁被评为国家AAAA级旅游区和国家地质公园。2005年2月11日,联合国教科文组织批准泰宁地质公园为第二批世界地质公园。2009年1月30日,福建泰宁因其独特的丹霞地质申遗,正式成为中国"世界自然遗产"提名地之一。以下对大金湖地区地质介绍,均综述自高天均和梁诗经(2004),这里就不一一注明。

地质公园包括金湖园区(大田乡、梅口乡、大布乡等)、朱口园区(朱口乡、龙湖镇等)、大布园区、金铙山园区4个部分。前3个园区以丹霞地貌为特征,金铙山园区是典型的花岗岩石蛋地貌。

9.1　泰宁红色盆地形成的大地构造背景

我国东南沿海活动大陆边缘裂谷系是太平洋板块向欧亚大陆板块俯冲碰撞挤压之后,转换为伸展拉张环境而形成。其火山岩以基性—酸性双峰式组合为特征。裂谷系发育的时候也是我国东南内生矿产的主要成矿期,如福建紫金山金铜矿、铀矿及悦洋银铅锌矿,江西冷水坑铅锌矿、德兴铜矿等。

泰宁红层盆地位于淳安-石城裂陷带之内。淳安-石城裂陷带位于福建省西北部,是邵武-河源断裂带的北段,该断裂从石城经过瑞金,到达广东石源,总长大于600km。

根据地层接触关系,裂谷系经历了3个阶段。

第一阶段:130~125Ma之间,由于太平洋板块俯冲减弱,地壳开始拉伸形成裂谷。期间,形成早白垩世红色碎屑岩沉积和火山喷发的兜岭群,随后形成坂头组碎屑岩沉积。

第二阶段:约115Ma,拉张进一步加大,并引发了大规模火山喷发。形成石帽山群沉积、火山地层。在沿海一带表现为幔源分异晶洞花岗岩侵入。

第三阶段:拉伸减弱。大致以政和-大埔断裂为界,东部裂陷不明显,西部强烈,形成厚达2000m以上的晚白垩世(一古近纪)火山-红色盆地沉积(沙县组、淳安组)。到白垩纪末,裂陷活动消亡。

9.2 地层

裂陷带控制了白垩纪地层的形成和分布,沉积盆地多成串珠状和条带状分布,地层特征如下。

9.2.1 早白垩世地层

下渡组:分布于淳安一带,为灰褐色紫色熔结凝灰岩,夹杂红色凝灰岩、凝灰质砂岩和粉砂岩等。不整合覆盖于南园组之上。

坂头组:分布于淳安和泰宁举兰等地,岩性为褐色粉砂岩、泥岩、细砂岩、砂岩、砂砾岩。

黄坑组:分布于建宁一带。下部为紫红色粉砂岩、砂岩,上部为玄武岩、安山岩、熔结凝灰岩等。

寨下组:下部为紫红色砂岩、砂砾岩等,上部为玄武盐、流纹岩。

均口组:分布于建宁均口。岩性为灰绿色粉砂岩、泥岩等。

9.2.2 晚白垩世地层

沙县组:分布于泰宁、建宁等。岩性为紫红色粉砂岩、泥岩,夹砂岩、砂砾岩。底部夹玄武岩、流纹岩和流纹质熔结凝灰岩。整合覆盖于均口组之上,或者不整合于老地层之上。厚度大于3000m。

淳安组:分布与沙县组相同。岩性为紫红色砂砾岩、砾岩,夹不稳定泥质细砂岩、粉砂岩等。整合覆盖于沙县组之上,或超覆于沙县组之上。

9.3 泰宁红色盆地的构造特征

泰宁地区红色盆地内发育沙县组和淳安组,红层沉积相的发育与盆缘构造关系密切。淳安组冲洪积扇的红色粗碎屑岩是形成丹霞地貌的物质基础。红层中的节理、裂隙是形成丹霞地貌的内动力条件(图9-1)。

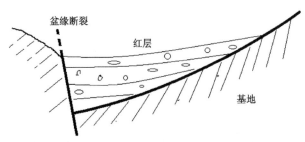

图 9-1 泰宁盆地构造控制示意图

第9章 泰宁寨下大峡谷实习路线

控制断陷盆地形成和发育的两条断裂,为南北向的帽儿山-陈坑断裂和北东向的寨下-拗上断裂。断裂带中发育碎粉岩、碎裂岩等。在晚白垩世,由于伸展发育,断裂重新活动,形成正断层。在盆缘张性正断层的控制下,盆地中发育了厚达1900m的冲积扇和洪积扇。物质来源于盆地西部。

盆地内次级断裂、节理构造十分发育。次级断裂主要有北东向和北北东向两组。节理主要有南北向、北西向、北西西向、北东向、北北东向等5组。流水沿着盆地内的次级断裂和节理侵蚀,常形成峡谷、线谷、巷谷以及赤壁丹崖等。多组节理的切割,形成孤峰、峰丛、石柱、方山等地貌景观。

9.4 寨下丹霞地貌的特征

丹霞地貌是一种以白垩纪陆相红层盆地粗碎屑岩为主要岩石类型,受断裂和节理控制,经过流水侵蚀,从而发育以赤壁丹崖为特征的一种地貌。由于岩性、构造和地貌发展期限的不同,各地丹霞地貌各具特色(表9-1)。

泰宁丹霞地貌发育于亚热带地区,为一晚白垩世内陆断陷盆地。盆内岩性多为冲洪积相、河流相的紫红色巨厚—厚层砂砾岩、砂岩,一般产状平缓。

表 9-1 丹霞地貌景观分类(据高天均和梁诗经,2004)

	类型	依据	地质特征和成因
正地形	丹霞赤壁	坡度大于60°	多近直立,为断层和节理面,岩壁多发育侵蚀和冲蚀凹槽
	桌子山	平顶,四面陡坡	山顶面为缓倾斜的岩层面,四面节理面形成陡壁
	石墙	长宽比大于2	沿断裂或者节理走向发育
	石柱	高度远大于宽度	为两组等间距节理切割,风化形成
	丘陵	浑圆状低矮山丘	总体无连续大的陡壁和陡坡
	孤石	不规则球状	球形风化残余产物
	崩塌堆积	悬崖脚倒锥状松散堆积物	无分选,无磨圆。重力崩塌的产物
负地形	线谷	深宽比大于10	俗称一线天,崖壁陡直、紧逼,沿着节理和断层发育
	巷谷	深宽比1~10	同上
	峡谷	深度大于宽度,宽度大于15m	为线谷和巷谷进一步发育的产物
	深切曲流	流水占据的弯曲峡谷	两岸陡直,曲流受节理和断层控制
	顺层凹槽	深度小于高度	沿着软弱层面发育
	洞穴	深度远大于高度的凹洞	为顺层凹槽在涡流的作用下进一步发育,部分巨大洞穴系地下暗河(流)或者重力崩塌的产物
	竖直洞穴	深度大于宽度	多沿着陡直节理交汇处发育,流水或者地下水侵蚀而成

续表 9-1

类型	依据	地质特征和成因
岩溶地貌	石钟乳	洞穴顶部向下发育
	石笋	洞穴底部向上发育
	石幔	岩水平裂隙向下面状发育
	石花	洞穴顶部滴溅，形成粒状、花状碳酸钙集合体

泰宁淳安组砂岩砂砾岩中都不同程度含有可溶性盐，其中主要为碳酸钙，大部分以胶结物形式存在。在高温多雨的亚热带气候条件下，碳酸钙沿着裂隙溶蚀，可形成丹霞岩溶地貌，一般规模较小。

9.5　大金湖丹霞地貌的发育过程

丹霞地貌和其他地貌一样，总体上可以分为青年期、壮年期和老年期地貌。

晚白垩世末期，盆地内红色碎屑沉积完成，裂陷消失，盆地开始抬高。

古近纪晚期(约 6500 万年前)，喜马拉雅运动开始，地壳大面积抬升，盆地开始由沉积区变为剥蚀区。同时原有断裂开始重新活动，并产生新的断层和节理。

上新世(530 万年前)区内被侵蚀、剥蚀、夷平为准平原。已经成岩的紫红色碎屑沉积物已经成岩并被抬升到侵蚀基准面之上。流水沿着节理和断层开始侵蚀，从而开始丹霞地貌发育旋回。崇安组砂砾岩、砂岩被侵蚀成线谷、峡谷，深切曲流发育。

自上新世到第四纪(260 万年以来)，伴随新构造运动的 3 次地壳间歇性抬升，区内形成三级古夷平面和三级河流阶地。地壳的每次抬升，随之而来的流水侵蚀、风化剥蚀，一边改造旧地貌，一边形成新地貌，形成现在所看到的峰林、峰丛、石堡、赤壁丹崖地貌。

泰宁大金湖丹霞地貌总体上呈现青年期地貌特征，以陡峭的山峰、线谷、峡谷、深切曲流等切割地貌为特征。个别地区见孤峰、残丘、丘陵等老年期地貌特征(图 9-2)。

图 9-2　泰宁大峡谷方形山(左)，泰宁大峡谷连环丹霞洞穴(右)

9.6 实习路线与要求(图 9-3)

图 9-3 寨下大峡谷实习路线

点 1:描述岩性。

点 2:观察并描述喀斯特微地貌。

点 3:观察并描述线谷与节理的关系。

点 4:观察并描述曲流的切割。

点 5:观察并描述交错层理、洞穴群。

点 6:观察并描述崩塌与堰塞湖。

点 7:观察并描述流水侵蚀。

点 8:描述断层。

点 9:观察并描述节理与地形关系。

参考文献:

高天均,梁诗经,2004.福建泰宁盆地地质构造与丹霞地貌的研究[M].1 版.福州:福建省地图出版社.

第 10 章　福州鹅鼻岭实习路线

目的	• 了解并掌握工程地质的意义和工作方法 • 掌握并描述地貌和构造之间的关系 • 掌握并描述工程地质评价方法及其依据
技能	• 认识熔结凝灰岩 • 火山岩的风化 • 掌握并描述水文地质调查的方法

鹅鼻村位于福州市晋安区宦溪镇,现已经开发为旅游休闲度假村。

10.1　区域地质概况

工作区大地构造位置属于闽东火山断裂带的中部。闽东火山断裂带是福建东南沿海的控制性地质构造,大致呈北东-南西向分布,西北以长乐-东山断裂带与为界,与福鼎-云霄断陷带相邻,东濒台湾海峡,宽38~58km,长400余千米。区内广泛分布着燕山期岩浆岩及侏罗纪火成岩,同时,还出露有从中生代侏罗纪至新生代第四纪的地层。区内构造带以北东向为主,同时见北东向、近南北向构造(图10-1)。

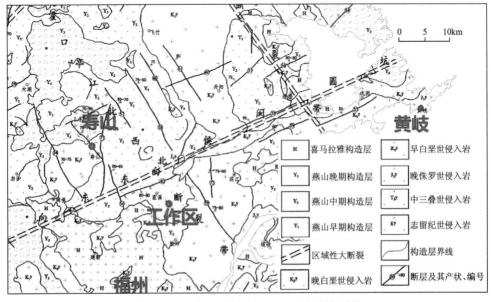

图 10-1　区域构造格架(据1:25万福州幅改绘)

工作区区域上位于福州盆地东侧的鼓岭隆起带。由于新构造运动,晚更新时以来,福州地区快速下降,形成断陷盆地;而周边的鼓岭-北峰等则继承了新近纪以来的上升运动,幅度较大,形成了山高谷深的地貌景观,其上由于间歇性的上升运动,形成一些规模不大的山间盆地,如福州涌泉寺等。

工作区附近的区域性断裂带为鹅鼻岭-铜盘断裂,该断裂位于工作区北侧 700~1000m 处,北东东向展布,长约 13km,断裂中岩石强烈破碎,局部发生韧性剪切作用,见片理化和糜棱岩,沿着断裂见正长石英岩脉和辉绿岩脉贯入。

10.2 主要地层

10.2.1 第四系

区内出露第四系均为残坡积物(Q^d),多为碎块状、土状。厚度分布不均匀,较厚的残积层一般位于山体南向坡面或者顺冲沟发育,如在工作区西南侧鹅鼻岭村可见残积层达 3m 以上,残积层内岩石均已风化成土状,基岩岩性不同造成残积层颜色不同,接触部位界线十分清楚(图 10-2)。

图 10-2 鹅鼻村某处残积层

工作区西北、东北部位,残积层厚 0~50m,山头多见碎块状风化产物,偶见基岩露头。部分地区见高岭土化层,厚数十厘米。

10.2.2 南园组火山碎屑岩和熔岩

工作区主要分布岩性是熔结凝灰岩,其次是流纹岩和少量凝灰岩。

流纹质晶屑熔结凝灰岩露头一般为浅灰色,晶屑含量在 30%~45% 之间,晶屑主要为石英,占全部晶屑的 70% 以上,其次为斜长石和钾长石,晶屑多破碎成三角状、不规则状,棱角明显。基质主要为凝灰质火山尘,多见拉长条带状浆屑,亦见以鸡骨状、弧面状玻屑熔结。

工作区内流纹岩主要以夹层的形式分布于晶屑熔结凝灰岩之中(图 10-3)。流纹岩肉红色,斑状结构,斑晶一般为钾长石,少量石英,含量在 15%~30% 之间,基质霏细结构,偶见流纹构造。

图 10-3 流纹岩和熔结凝灰岩接触界线（鹅鼻岭村某民居后）

10.3 侵入岩

工作区见辉绿岩脉 1 条，宽 2~3m，产状 240°∠76°，地表追索长度可达 30m 以上，辉绿结构。

10.4 地质构造

工作区总体为一单斜构造，由熔结凝灰岩和流纹岩互层构成，局部见凝灰岩夹层。火山碎屑岩和熔岩总体倾向北东，倾角一般在 30°~75°之间（图 10-4）。

10.4.1 节理

工作区优势节理有 3 组——

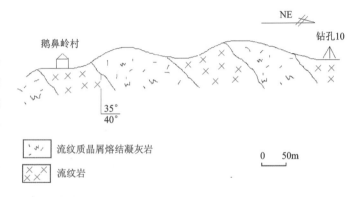

图 10-4 鹅鼻村东沿公路信手剖面

北西向、北东向，产状分别为 200°~210°∠73°~88°、210°~260°∠70°~88°和 110°~135°∠70°~87°。两组节理节理面陡直、光滑，延伸超过数十米，产状相对稳定，为 X 型剪节理，节理密度一般为 2~3 条/m，局部地段节理非常密集，7~8 条/m。同时发育其他方向节理，其中顺坡向缓倾斜节理普遍发育，产状随着坡向不同而不同。

区域性节理控制了本区冲沟和水系的分布。各种微地貌均显示强烈的节理控制迹象。总体北东向的冲沟局部显锯齿状特征，系追踪北东向和北西向两组节理的结果。在部分地段，多组节理交汇的地方，如果有岩脉、断层等发育，则非常容易形成等轴状山间小盆地，此种盆地四面均被高山包围，一般只有一个狭窄的出水口和多个进水口。

10.4.2 断层带

工作区内出露两条断层。

F1 为一条宽 2~6m 断层带，产状 230°∠67°，位于工作区西侧，在地貌上显示为笔直的冲沟。沟中见常年性流水（图 10-5）。

图 10-5　F1 断层和逢沟必断(左)，F2 断层在钻孔中的位置和特征(右)

F1 断层带主要表现为密集的北西向节理、岩石的破碎和石英脉，石英脉宽 20～30cm，多呈不规则、分叉状分布于流纹岩之中。

F2 断层：此条断层见于钻孔 K10 底部。见明显的断层角砾岩。F2 断层宽 20cm 左右，下部岩性为流纹质熔结凝灰岩，上部岩性为斑状流纹岩。断层角砾明显，角砾大小 1～7cm，棱角状，无明显磨圆，被硅质胶结。

10.5　实习路线和要求(图 10-6)

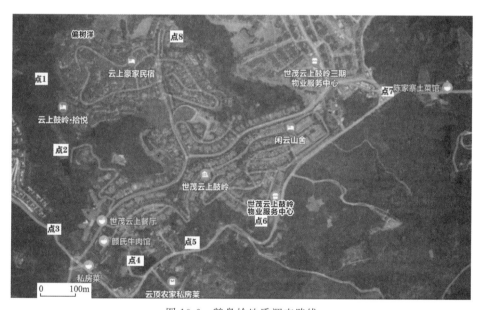

图 10-6　鹅鼻岭地质调查路线

点 1：水文地质调查。

点 2：河流相沉积以及断层观察。

点 3：地层观察与描述。

点 4：流纹岩和凝灰岩界限以及风化剖面观察。

点 5：岩性与节理观察。

点 6：根据滚石推测露头。

点7:钻孔岩芯观察。

点8:火山碎屑岩露头观察。

参考文献:

福建省地质矿产局,1987.1∶5万福州市幅区域地质调查报告[R].福州:福建省地质矿产局.

控制断陷盆地形成和发育的两条断裂,为南北向的帽儿山-陈坑断裂和北东向的寨下-拗上断裂。断裂带中发育碎粉岩、碎裂岩等。在晚白垩世,由于伸展发育,断裂重新活动,形成正断层。在盆缘张性正断层的控制下,盆地中发育了厚达1900m的冲积扇和洪积扇。物质来源于盆地西部。

盆地内次级断裂、节理构造十分发育。次级断裂主要有北东向和北北东向两组。节理主要有南北向、北西向、北西西向、北东向、北北东向等5组。流水沿着盆地内的次级断裂和节理侵蚀,常形成峡谷、线谷、巷谷以及赤壁丹崖等。多组节理的切割,形成孤峰、峰丛、石柱、方山等地貌景观。

9.4 寨下丹霞地貌的特征

丹霞地貌是一种以白垩纪陆相红层盆地粗碎屑岩为主要岩石类型,受断裂和节理控制,经过流水侵蚀,从而发育以赤壁丹崖为特征的一种地貌。由于岩性、构造和地貌发展期限的不同,各地丹霞地貌各具特色(表9-1)。

泰宁丹霞地貌发育于亚热带地区,为一晚白垩世内陆断陷盆地。盆内岩性多为冲洪积相、河流相的紫红色巨厚—厚层砂砾岩、砂岩,一般产状平缓。

表9-1 丹霞地貌景观分类(据高天均和梁诗经,2004)

类型		依据	地质特征和成因
正地形	丹霞赤壁	坡度大于60°	多近直立,为断层和节理面,岩壁多发育侵蚀和冲蚀凹槽
	桌子山	平顶,四面陡坡	山顶面为缓倾斜的岩层面,四面节理面形成陡壁
	石墙	长宽比大于2	沿断裂或者节理走向发育
	石柱	高度远大于宽度	为两组等间距节理切割,风化形成
	丘陵	浑圆状低矮山丘	总体无连续大的陡壁和陡坡
	孤石	不规则球状	球形风化残余产物
	崩塌堆积	悬崖脚倒锥状松散堆积物	无分选,无磨圆。重力崩塌的产物
负地形	线谷	深宽比大于10	俗称一线天,崖壁陡直、紧逼,沿着节理和断层发育
	巷谷	深宽比1～10	同上
	峡谷	深度大于宽度,宽度大于15m	为线谷和巷谷进一步发育的产物
	深切曲流	流水占据的弯曲峡谷	两岸陡直,曲流受节理和断层控制
	顺层凹槽	深度小于高度	沿着软弱层面发育
	洞穴	深度远大于高度的凹洞	为顺层凹槽在涡流的作用下进一步发育,部分巨大洞穴系地下暗河(流)或者重力崩塌的产物
	竖直洞穴	深度大于宽度	多沿着陡直节理交汇处发育,流水或者地下水侵蚀而成

续表 9-1

类型		依据	地质特征和成因
岩溶地貌	石钟乳	洞穴顶部向下发育	
	石笋	洞穴底部向上发育	
	石幔	岩水平裂隙向下面状发育	
	石花	洞穴顶部滴溅,形成粒状、花状碳酸钙集合体	

泰宁淳安组砂岩砂砾岩中都不同程度含有可溶性盐,其中主要为碳酸钙,大部分以胶结物形式存在。在高温多雨的亚热带气候条件下,碳酸钙沿着裂隙溶蚀,可形成丹霞岩溶地貌,一般规模较小。

9.5 大金湖丹霞地貌的发育过程

丹霞地貌和其他地貌一样,总体上可以分为青年期、壮年期和老年期地貌。

晚白垩世末期,盆地内红色碎屑沉积完成,裂陷消失,盆地开始抬高。

古近纪晚期(约6500万年前),喜马拉雅运动开始,地壳大面积抬升,盆地开始由沉积区变为剥蚀区。同时原有断裂开始重新活动,并产生新的断层和节理。

上新世(530万年前)区内被侵蚀、剥蚀、夷平为准平原。已经成岩的紫红色碎屑沉积物已经成岩并被抬升到侵蚀基准面之上。流水沿着节理和断层开始侵蚀,从而开始丹霞地貌发育旋回。崇安组砂砾岩、砂岩被侵蚀成线谷、峡谷,深切曲流发育。

自上新世到第四纪(260万年以来),伴随新构造运动的3次地壳间歇性抬升,区内形成三级古夷平面和三级河流阶地。地壳的每次抬升,随之而来的流水侵蚀、风化剥蚀,一边改造旧地貌,一边形成新地貌,形成现在所看到的峰林、峰丛、石堡、赤壁丹崖地貌。

泰宁大金湖丹霞地貌总体上呈现青年期地貌特征,以陡峭的山峰、线谷、峡谷、深切曲流等切割地貌为特征。个别地区见孤峰、残丘、丘陵等老年期地貌特征(图9-2)。

图 9-2 泰宁大峡谷方形山(左),泰宁大峡谷连环丹霞洞穴(右)

9.6 实习路线与要求(图 9-3)

图 9-3 寨下大峡谷实习路线

点 1:描述岩性。
点 2:观察并描述喀斯特微地貌。
点 3:观察并描述线谷与节理的关系。
点 4:观察并描述曲流的切割。
点 5:观察并描述交错层理、洞穴群。
点 6:观察并描述崩塌与堰塞湖。
点 7:观察并描述流水侵蚀。
点 8:描述断层。
点 9:观察并描述节理与地形关系。

参考文献:

高天均,梁诗经,2004.福建泰宁盆地地质构造与丹霞地貌的研究[M].1 版.福州:福建省地图出版社.

第 10 章　福州鹅鼻岭实习路线

目的	• 了解并掌握工程地质的意义和工作方法 • 掌握并描述地貌和构造之间的关系 • 掌握并描述工程地质评价方法及其依据
技能	• 认识熔结凝灰岩 • 火山岩的风化 • 掌握并描述水文地质调查的方法

鹅鼻村位于福州市晋安区宦溪镇,现已经开发为旅游休闲度假村。

10.1　区域地质概况

工作区大地构造位置属于闽东火山断裂带的中部。闽东火山断裂带是福建东南沿海的控制性地质构造,大致呈北东-南西向分布,西北以长乐-东山断裂带与为界,与福鼎-云霄断陷带相邻,东濒台湾海峡,宽 38~58km,长 400 余千米。区内广泛分布着燕山期岩浆岩及侏罗纪火成岩,同时,还出露有从中生代侏罗纪至新生代第四纪的地层。区内构造带以北东向为主,同时见北东向、近南北向构造(图 10-1)。

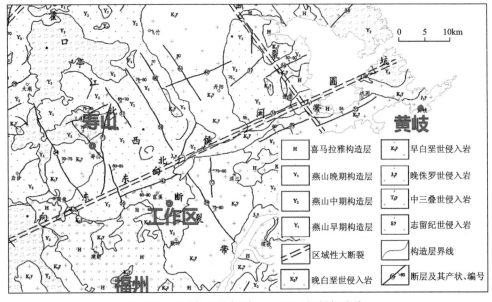

图 10-1　区域构造格架(据 1∶25 万福州幅改绘)

工作区区域上位于福州盆地东侧的鼓岭隆起带。由于新构造运动,晚更新时以来,福州地区快速下降,形成断陷盆地;而周边的鼓岭-北峰等则继承了新近纪以来的上升运动,幅度较大,形成了山高谷深的地貌景观,其上由于间歇性的上升运动,形成一些规模不大的山间盆地,如福州涌泉寺等。

工作区附近的区域性断裂带为鹅鼻岭-铜盘断裂,该断裂位于工作区北侧700~1000m处,北东东向展布,长约13km,断裂中岩石强烈破碎,局部发生韧性剪切作用,见片理化和糜棱岩,沿着断裂见正长石英岩脉和辉绿岩脉贯入。

10.2 主要地层

10.2.1 第四系

区内出露第四系均为残坡积物(Q^d),多为碎块状、土状。厚度分布不均匀,较厚的残积层一般位于山体南向坡面或者顺冲沟发育,如在工作区西南侧鹅鼻岭村可见残积层达3m以上,残积层内岩石均已风化成土状,基岩岩性不同造成残积层颜色不同,接触部位界线十分清楚(图10-2)。

图10-2 鹅鼻村某处残积层

工作区西北、东北部位,残积层厚0~50m,山头多见碎块状风化产物,偶见基岩露头。部分地区见高岭土化层,厚数十厘米。

10.2.2 南园组火山碎屑岩和熔岩

工作区主要分布岩性是熔结凝灰岩,其次是流纹岩和少量凝灰岩。

流纹质晶屑熔结凝灰岩露头一般为浅灰色,晶屑含量在30%~45%之间,晶屑主要为石英,占全部晶屑的70%以上,其次为斜长石和钾长石,晶屑多破碎成三角状、不规则状,棱角明显。基质主要为凝灰质火山尘,多见拉长条带状浆屑,亦见以鸡骨状、弧面状玻屑熔结。

工作区内流纹岩主要以夹层的形式分布于晶屑熔结凝灰岩之中(图10-3)。流纹岩肉红色,斑状结构,斑晶一般为钾长石,少量石英,含量在15%~30%之间,基质霏细结构,偶见流纹构造。

图 10-3 流纹岩和熔结凝灰岩接触界线（鹅鼻岭村某民居后）

10.3 侵入岩

工作区见辉绿岩脉 1 条，宽 2～3m，产状 240°∠76°，地表追索长度可达 30m 以上，辉绿结构。

10.4 地质构造

工作区总体为一单斜构造，由熔结凝灰岩和流纹岩互层构成，局部见凝灰岩夹层。火山碎屑岩和熔岩总体倾向北东，倾角一般在 30°～75°之间（图 10-4）。

10.4.1 节理

工作区优势节理有 3 组——

图 10-4 鹅鼻村东沿公路信手剖面

北西向、北东向，产状分别为 200°～210°∠73°～88°、210°～260°∠70°～88°和 110°～135°∠70°～87°。两组节理节理面陡直、光滑，延伸超过数十米，产状相对稳定，为 X 型剪节理，节理密度一般为 2～3 条/m，局部地段节理非常密集，7～8 条/m。同时发育其他方向节理，其中顺坡向缓倾斜节理普遍发育，产状随着坡向不同而不同。

区域性节理控制了本区冲沟和水系的分布。各种微地貌均显示强烈的节理控制迹象。总体北东向的冲沟局部显锯齿状特征，系追踪北东向和北西向两组节理的结果。在部分地段，多组节理交汇的地方，如果有岩脉、断层等发育，则非常容易形成等轴状山间小盆地，此种盆地四面均被高山包围，一般只有一个狭窄的出水口和多个进水口。

10.4.2 断层带

工作区内出露两条断层。

F1 为一条宽 2～6m 断层带，产状 230°∠67°，位于工作区西侧，在地貌上显示为笔直的冲沟。沟中见常年性流水（图 10-5）。

图 10-5　F1 断层和逢沟必断(左)，F2 断层在钻孔中的位置和特征(右)

F1 断层带主要表现为密集的北西向节理、岩石的破碎和石英脉，石英脉宽 20～30cm，多呈不规则、分叉状分布于流纹岩之中。

F2 断层：此条断层见于钻孔 K10 底部。见明显的断层角砾岩。F2 断层宽 20cm 左右，下部岩性为流纹质熔结凝灰岩，上部岩性为斑状流纹岩。断层角砾明显，角砾大小 1～7cm，棱角状，无明显磨圆，被硅质胶结。

10.5　实习路线和要求(图 10-6)

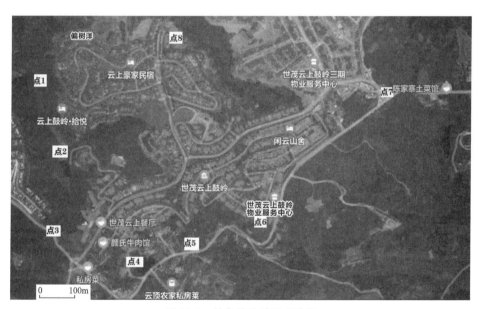

图 10-6　鹅鼻岭地质调查路线

点 1：水文地质调查。

点 2：河流相沉积以及断层观察。

点 3：地层观察与描述。

点 4：流纹岩和凝灰岩界限以及风化剖面观察。

点 5：岩性与节理观察。

点 6：根据滚石推测露头。

点 7：钻孔岩芯观察。
点 8：火山碎屑岩露头观察。

参考文献：
福建省地质矿产局,1987.1∶5 万福州市幅区域地质调查报告[R].福州:福建省地质矿产局.

第11章　福马路(隧道段)地质路线

目的	• 掌握隧道工程的地表地质调查方法。 • 了解地貌与构造特征。 • 掌握工程地质评价方法及其依据。
技能	• 认识并描述浅粒岩、变粒岩。 • 认识并描述推覆构造。

实习区位于福州和马尾之间的福马路隧道沿线。交通非常方便,分为两段,一段是鼓山隧道沿线,另一段是马尾隧道沿线。

11.1　区域地质概况

大地构造位置上,工作区位于闽东火山断坳带中段的福州断陷盆地东南侧边缘和北东向长乐-南澳深断裂(马尾断裂)之间。根据构造和岩性特征,可以分为两个截然不同的区域:鼓山一号隧道和鼓山二号隧道位于鼓岭隆升区南侧边缘的魁岐岩体之中,出露的岩性为燕山晚期晶洞花岗岩;马尾隧道则位于北东向长乐-南澳深断裂西北边缘的断裂变质带之中,出露的岩性为强动力变质的侏罗系南园组第二段(J_3n^b)。

11.2　主要地层

11.2.1　第四系

第四系主要以残积层的形式分布,除少量冲沟和个别山脊外,残积层(Q^d)基本覆盖整个区域,主要由花岗岩和火山碎屑岩以及熔岩等经过长期物理、化学风化等形成,上部一般为砖红色砂质黏土,下部一般为浅黄色、灰白色,并过渡为基岩,厚度一般为0~30cm,局部在山洼处可达2m以上。需要指出的是,在马尾隧道进口K17+700~K17+850区段的北侧,为人工堆积的巨石和碎石堆。

11.2.2　南园组

南园组分布于马尾隧道中,青灰色,主要是微晶质长英质成分,可见暗色矿物角闪石和少量黑云母等形成片理。偶见由于构造强化形成的黑云母石英片岩和少量浅粒岩。变粒岩、浅粒岩和片岩中片理的产状为315°∠64°(图11-1)。原岩可能为流纹质晶屑凝灰岩和凝灰熔岩。

 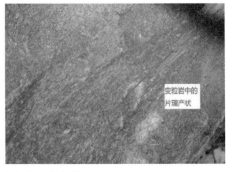

图 11-1 变粒岩中片理的产状

11.3 侵入岩

工作区内的侵入岩为辉绿岩、石英正长斑岩和花岗岩。

辉绿岩脉主要分布于鼓山一号隧道和鼓山二号隧道，一般宽 10~70cm，多为北北东向，产状近直立。

石英正长斑岩脉体均分布于马尾隧道中。在马尾隧道进口和出口之间，可见大致北东—北北东向等间距分布的石英正长斑岩脉 4 条。宽度一般在 10~15m 之间，倾角在 65°~70°之间。露头可追索长度超过 1km(图 11-2)。

图 11-2 石英正长斑岩脉露头(左)，硅化带(右)

石英正长斑岩斑晶含量约 25%，其中 70% 以上为钾长石，其次为石英。基质为隐晶质。

需要指出的是，在马尾隧道工作区内，亦分布大量的细晶岩脉和石英硅化脉。宽度一般为 1~10cm，产状亦多为北东向和北北东向。

花岗岩分布于整个鼓山一号和二号隧道以及马尾隧道进口西北角。属于魁岐复式岩体的一部分，为燕山期晚期第三次侵入。岩性为浅肉红色碱性花岗岩，岩石风化后呈灰红色、黄白色、细粒、中细粒花岗结构，块状构造。矿物成分主要为钾长石(55%~60%)，石英(35%~40%)，局部见有少量角闪石(0.5%~5%)。钾长石呈半自形—他形粒状或板柱状，部分钾长石中见有卡式双晶，长板状。石英呈半自形—他形粒状，部分保留高温外形，呈等轴状。角闪石呈半自形—他形粒状，多数充填较晚，充填浅色矿物空隙处。其中鼓山一号隧道以中粒碱性花岗岩为主，主要矿物粒度为 2~5mm，从隧道进口到出口粒度有变细的趋势。鼓山二号隧道以细粒碱性花岗岩为主，主要矿物粒度为 0.5~2mm，晶洞构造发育。

11.4 地质构造

11.4.1 节理

工作区优势节理有 3 组——北西西向、北东向,产状分别为 15°~30°∠70°~85°、110°~130°∠70°~88°和 120°~140°∠35°~57°。产状非常稳定,亦见北西向和近南北向节理。一般近东西向和北西向两组节理节理面陡直、光滑,延伸超过数十米,产状相对稳定,为 X 型剪节理,节理密度一般 2~3 条/m。同时发育其他方向节理。

区域性节理控制了本区冲沟和水系的分布,同时也控制了本区岩脉的发育。在鼓山一号和二号隧道,由于差异风化,辉绿岩更容易风化,所以在水流等侵蚀下,很容易形成深切 V 形谷。

11.4.2 断层带

工作区内出露 1 条断层(F1)。

F1 位于鼓山 2 号隧道南洞进口上方,为一条宽 10~30cm 的断层带,产状 190°∠74°,断裂带内岩石强烈角砾岩化。该断裂沿着小冲沟展布,并见常年性流水,水流流速为 2~5L/h(图 11-3)。

图 11-3 鼓山二号隧道南洞口上方 F1(左),断裂鼓山一号和二号隧道之间的排泄沟(右)

11.5 不良地质现象和地质灾害评估

鼓山一号和二号隧道位于魁岐岩体之中,总体上断层不发育,岩体完整,缺乏塌方、滚石、泥石流等形成的必要条件。同时由于是老隧道,隧道口附近危石、排水和边坡支护等都已经有良好的处理措施。目前主要的不良地质现象出现在如下几个地点。

11.5.1 鼓山一号隧道出口和鼓山二号隧道进口之间

此段地形上属于一北东向深切 V 形冲沟,沟宽 50~100m,延伸超过 2km。冲沟本身沿着辉绿岩脉方向发育,见常年性流水,流量为 2~4L/s。自隧道中线沿着冲沟北东 100~150m 为一小型水库。由于人工建筑等原因,穿过两个隧道之间路面的排泄沟约 1.0×1.3m³,在特大暴雨的情况下,存在洪水倒灌隧道的可能性。因此,未来的施工中,加宽排泄沟是非常必要的。

11.5.2 鼓山2号隧道口南洞进口附近

鼓山二号隧道南洞口F1断层切过隧道。隧道上方发育一小冲沟,冲沟与隧道方向呈10°~20°夹角,冲沟中见常年性流水,流量为1~2L/h。此段隧道口在后续的扩建中,需要防止渗水和塌方。

11.5.3 鼓山2号隧道K9+350处

此处系一近南北向V形冲沟,冲沟宽30~150m,延伸长度超过2km。冲沟内见常年性流水,流量1~2L/s。地表地质调查,未发现断层、岩脉等。但存在地表水沿着节理渗透的可能性。

11.5.4 马尾隧道

马尾隧道除了进口(K17+650)处出露中粒花岗岩外,其余均为变粒岩和浅粒岩。其中片理的产状为315°∠64°,与隧道大角度相交,且为弱片理化,因此片理化本身对隧道开挖影响不大。另在本区大规模发育的石英正长斑岩脉亦与隧道走向大角度相交,对隧道开挖亦无影响。

主要的不良地质现象为隧道进口(K17+700~K17+850)北侧上方的人工填埋的碎石。该人工碎石沿着自然冲沟北侧坡壁堆积,原料为附近工程开挖的碎石,单个碎石最大可达1m,目前堆积区面积超过200m×200m,坡高为15~20m,坡度角为20°~35°,而且还在不断堆积,无任何防护措施。

此处隧道顶距离地表仅3~10m,且地表发育至少3条小溪,均为常年性流水,且见多处菜农的小水塘。因此隧道开挖中发生渗水、塌方甚至泥石流的可能性非常大。

11.6 实习路线和要求(图11-4、图11-5)

图11-4 马尾隧道实习路线图

第 11 章 福马路(隧道段)地质路线

点 1:观察岩性界限点。
点 2:观察火山碎屑岩、脉岩、节理、水文地质情况。
点 3:观察片岩、浅粒岩。
点 4:观察节理、石英脉的分布。
点 5:观察隧道口岩性、构造。
点 6:观察水文地质情况。
点 7:观察地质景观和生态条件。

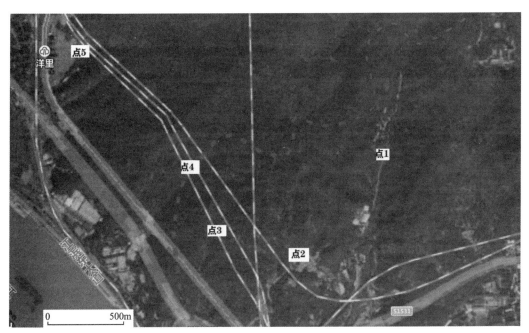

图 11-5 福州隧道实习路线图

点 1:观察断层与地貌。
点 2:观察花岗岩风化。
点 3:观察岩脉、节理与层节理。
点 4:观察断层与水文地质情况。
点 5:观察花岗岩岩性与节理。

参考文献:

福建省地质矿产局,1987.1:5 万福州市幅区域调查报告[R].福州:福建省地质矿产局.
福建省地质矿产局,1987.1:5 万马尾镇幅区域调查报告[R].福州:福建省地质矿产局.

第 12 章　福州下洋—营前实习路线

目的	• 理解动力变质。 • 了解河流地貌。
技能	• 观察并描述花岗岩的塑性变形。 • 观察并描述火山碎屑岩的塑性变形。 • 观察并描述岩脉之间的穿插关系。 • 准确认识并理解河漫滩、阶地、沙洲、夷平面。 • 准确认识并理解残积层。

工作区位于福州南部乌龙江两岸下洋—营前区段,大地构造位置上属于闽东火山断坳带中段的福州断陷盆地南侧边缘,出露的主要岩石为中生代燕山早期第三次侵入岩片麻状黑云母花岗岩($\gamma_5^{2(3)}$)和强动力变质侏罗系南园组第三段(J_3n^c)。

工作区区域上位于区域大断裂长乐-南澳深断裂的北延地区,小区域内属于琯头马尾-营前清凉山断裂变质带的一部分。该断裂变质带北起琯头,经亭江、琅岐岛、马尾到营前和乌龙江大桥,长约 26km,宽 5～8km,主要发育在南园组火山岩和燕山早期侵入岩之中。该断裂变质带的主要特征就是以韧性变形为主,脆性变形次之,断裂带内见宽窄不一但总体呈北东向的动力变质带和构造挤压破碎带。强烈的动力变质作用使得琯头、琅岐岛和营前等地的燕山早期花岗岩以及乌龙江大桥北岸的南园组火山岩发生强烈的破碎、压溶、拉长和位错蠕变等变形,面理极度发育。断裂带自边部到中心,构造岩由破碎、破裂到片麻理再到变晶糜棱岩岩化。

12.1　地层和岩浆岩

区内出露的地层有第四系和南园组变火山岩。

第四系为全新统长乐组冲洪积物、残坡积土($Q^{al+pl+d+m}$)和海积层。冲积层主要分布于江南岸山田村河沟之中。海积层分布广泛,于江北岸隧道东侧和南侧均有发布。冲积层由灰白色含砾砂质黏土、松散砂砾层等组成,常含有巨大砾石,海积层主要为深灰色淤泥和淤泥质黏土。残积层(Qhc^d)基本覆盖整个区域,主要由花岗岩和火山岩类经过长期物理、化学风化等形成,上部为砖红色砂质黏土,下部一般为浅黄色、灰白色,并过渡为基岩,厚度一般数十厘米,个别地方变厚,达 1～4m。特别在山田村到洞口一段,由于地形切割强烈,在坡脚的地方残坡积物非常发育,通常都在 3m 以上。

南园组变火山岩(J_3n^c)主要分布于工作区乌龙江北岸。原岩为流纹英安质晶屑凝灰岩和流纹英安质晶屑凝灰熔岩,但由于强烈的动力变质,原岩结构构造已经不可辨认,从工作区北部火车南站车库过下洋村到洋尾,总体上可以分为两个岩石地层单元:北部为浅粒岩带,南部为变粒岩带,其中由于应变分解或原岩性质不同,北部浅粒岩带中也见变粒岩夹层,南部变粒岩带中亦有浅粒岩夹层和白云母石英片岩夹层。

区内浅粒岩呈灰白色和白色,主要矿物成分为石英、钾长石和斜长石,其中石英含量一般在 60% 以上,钾长石和斜长石含量基本相等,占岩石总量的 35% 以上,暗色矿物少见。长石镜下多为他形—半自形粒状分布,见个别长石石英残斑,可能为早期凝灰熔岩中的晶屑残留。肉眼可观察到石英成拉丝条带状构造,以此形成明显的面理构造,个别强烈变质的地方,已经形成糜棱岩。

变粒岩大致分布于广福尊王宫—洋尾一带。岩石深灰色到灰白色,石英占岩石总量的 45% 左右,多有拉长现象,重结晶明显,波状消光清楚。长石占 40% 左右,其中 80% 以上为斜长石,见聚片双晶。暗色矿物占 10%~15%,其中 80% 以上为黑云母,少量角闪石和蚀变矿物绿泥石。片状暗色矿物定性排列形成非常明显的片理构造或弱片麻状构造。

在应变强烈的地区,如洋尾等,见白云母石英片岩。

南园组火山岩(J_3n^d)仅见于隧道出口附近,为含角砾晶屑凝灰岩。角砾一般为早期熔岩、凝灰岩等,大小为数毫米到 1cm 左右,棱角状,占岩石总量的 5%~10%,晶屑含量占 30%~40% 左右,为石英和长石,偶见角闪石。

工作区岩浆岩为中生代燕山早期花岗岩($\gamma_5^{2(3)c}$)及穿插其中的脉岩。

辉绿岩岩脉(β)大部分产状近东西向,宽度一般为 1~2m。少量不规则辉绿岩细脉仅几厘米宽,产状平缓。

正长斑岩脉区内正长斑岩($\xi\pi$)仅见 1 条,但规模宏大,宽 6~10m,走向北东东,倾角一般 30°~45°,倾向北西,延伸大于 1km。与片麻状花岗岩接触界线为不规则曲面,正长斑岩脉中可见花岗岩包体(图 12-1)。

 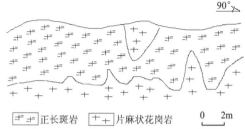

图 12-1 军营南侧山坡人工开挖路堑中正长斑岩脉及其素描图

正长斑岩脉总体呈浅灰色,斑晶含量为 5%~10%,为钾长石,未见石英。钾长石大小为 2~6mm,晶形良好,基质为隐晶质或微晶质。在与片麻状花岗岩接触部位可见流动构造。

石英正长斑岩脉($\xi o\pi$)见于山田—岐头之间小山包、下洋泰山宫和隧道出口,野外一般宽

4～5m，分别侵入于燕山期片麻状花岗岩和侏罗纪变火山岩之中，单条脉体延伸长度一般数十米到数百米不等。走向多北东向和东西向，倾向北西或者直立。

石英正长斑岩脉呈浅灰色，斑状结构。斑晶占30%～35%，斑晶为石英和正长石，其中石英斑晶占斑晶总量的65%以上。斑晶大小为1～2.5mm，石英多见碎裂结构，基质为隐晶质。

花岗斑岩脉（$\gamma\pi$）见于岐头花岗岩之中和下洋变火山岩之中，前者规模较小，后者宽4～7m，延伸长度1km以上的花岗斑岩在下洋村，侵入于变火山岩变粒岩之中，颜色呈肉红色—暗灰色，斑晶含量为40%～45%，主要为钾长石，少量石英。斑晶大小一般在2～5mm之间，晶形良好。

燕山早期片麻状花岗岩（$\gamma_5^{2(3)c}$）分布于乌龙江南岸到营前，浅肉红色、浅灰色，具碎裂花岗结构，局部变质较深，具变晶糜棱结构，块状、片麻状构造。矿物粒度2～4mm。岩石中钾长石占35%～40%、斜长石占30%～35%、石英占25%～30%、黑云母等占1%～3%。

大致以北东东向正长斑岩脉体为界线，根据变形特征可划分为南北两个岩石单元：北部片理化花岗岩$\gamma_5^{2(3)c}$(2)和南部片麻状花岗岩$\gamma_5^{2(3)c}$(1)，片理化程度的差异反映出变形条件的不同。南部片麻状花岗岩变形强烈，可见片麻理形成褶皱。

花岗岩中细晶岩脉非常发育，一般宽几厘米到30cm左右，所有细晶岩脉均已变质变形，部分成糜棱岩，说明在构造变动之前侵入。另外沿着下洋西侧福泉高速公路，发育10多条伟晶岩脉，伟晶岩成团块状，一般宽1～2m，形状不规则，为白云母花岗伟晶岩。

12.2 构造和不良地质现象

节理：一般发育3组区域性节理，分别为北东向、近东西向和近南北向，其中近南北向和近东西向两组节理互相垂直，形成棋盘格式构造，同时发育其他方向局部节理。3组区域性节理一般产状陡直，节理面光滑平直，延伸长，产状相对稳定。此外尚发育一组近水平解理，平行于坡面，产状随坡向而变化，花岗岩极容易沿着该节理面鳞片状剥落。

工作区内出露数条小断层。分别描述如下。

F1断裂：位于隧道出口新马变电站北侧山坡，露头可追索长度大于10m，宽10～30cm，断层面总体波状弯曲，含少量断层角砾和断层泥，产状330°∠42°，围岩为含角砾流纹晶屑凝灰岩。

F2断裂：位于变电站东侧山坡，为一宽20～30cm的小断层，强烈碎裂岩化，局部见绿色、黑色断层泥，产状300°∠75°，围岩为含角砾晶屑凝灰岩。

F3断裂：位于变电站东侧山坡。为一宽10cm的小断层，大量断层角砾分布其中，局部见绿色断层泥，产状260°∠30°，围岩为含角砾晶屑凝灰岩。

F1、F2、F3断裂，野外大致平行排列，北西向分布，均为逆断层，间距在20～30m之间，为山前叠瓦状逆冲断层带（图12-2）。

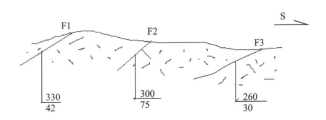

图 12-2 隧道口叠瓦状分布逆冲断层系

F4 断裂：位于学校用地东南侧小庙下，产状 260°∠30°，断层宽 2～5cm，断层面平直，围岩为片麻状花岗岩和辉绿岩。根据所切辉绿岩的相对关系，判断为一小正断层。

F5 断裂：一顺区域性剪切节理发育的高角度走滑断层，断层宽 2～7cm，中间见断层角砾岩，产状 30°∠87°，北东向，围岩为片麻状花岗岩。

12.3　实习路线和要求（图 12-3、图 12-4）

图 12-3　乌龙江大桥北岸实习路线

点 1：观察大桥附近岩性构造。

点 2：观察隧道口岩性和构造。

点 3：观察隧道出口动力变质岩。

点 4：观察节理和断层。

点5:观察动力变质岩。

点6:观察乌龙江北岸阶地。

图12-4 乌龙江大桥南岸山田村实习路线

点1:观察乌龙江南岸河流地貌。

点2:观察片麻状花岗岩。

点3:观察风化与残积层。

点4:观察脉岩、断层、水文地质条件。

点5:观察动力变质现象。

点6:观察岩体之间穿插关系。

点7:观察岩性构造。

参考文献：

福建省地质矿产局,1987.1∶5万福州市幅区域调查报告[R].福州:福建省地质矿产局.

福建省地质矿产局,1987.1∶5万马尾镇幅区域调查报告[R].福州:福建省地质矿产局.

第 13 章　福州大学旗山校区实习路线

目的	• 了解不同岩体之间接触关系对建立区域演化史的意义。 • 了解河流侧向迁移与冲积平原形成过程。
技能	• 观察并描述冷凝边、烘烤边、流纹构造。 • 观察并描述球粒流纹岩、闪长岩、花岗斑岩、辉绿岩、霏细岩、凝灰岩。 • 观察并描述牛轭湖、离堆山、漫滩相二元沉积、阶地。 • 观察并描述潜水面、下降泉、饱和带、不饱和带。 • 观察并描述边坡治理

13.1　地质概况

福州大学旗山校区属于福州冲积平原的一部分,位于旗山溪源宫冲洪积扇边缘,校园内随处可见数十厘米到 2m 的巨大砾石,有一定的磨圆度。根据钻孔资料,本地冲洪积厚度约 45m,主要为细砂、黏土和砾石等(图 13-1)。

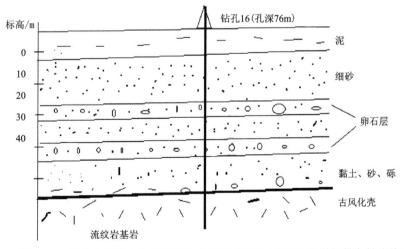

图 13-1　福州大学旗山校区研究生大厦附近钻孔(根据吴振祥提供资料改绘)

钻孔资料反映了本地区多次震荡升降以及河流侧向迁移的历史。其中,粗碎屑卵石和砂、泥等垂向上多层叠置,是典型的河漫滩二元沉积结构。河床移动沉积的粗砂砾石,称为河床相冲积物。洪水期河漫滩上水流流速较小,沉积的主要是细砂和黏土,称为河漫滩相冲积物。由于河流侧向迁移,会形成河漫滩相细粒沉积物沉积在早期的河床粗粒沉积物之上。这样就组成了河漫滩的二元结构。校园内分布多个残丘、孤丘、牛轭湖、古河道等,残丘顶部未见冲洪积沉积物(图 13-2)。大部分地区潜水面在 1～2m 之间,部分地区潜水面切割地形,形成下降泉。

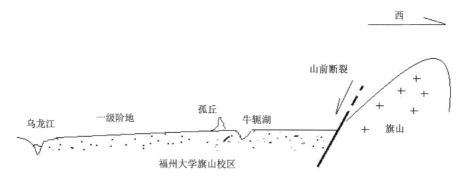

图 13-2　福州大学旗山校区位于冲洪积平原之上

校园内基岩岩性相对单一,主要分布于各个残丘中(如南望山等)。见闪长岩、霏细岩、球粒流纹岩、凝灰岩和辉绿岩等,构造相对简单。彭向东等(福大火山岩公园介绍)认为,闪长岩最早,次为花岗斑岩,之后才是火山喷发和霏细岩等的次火山岩脉的侵入,辉绿岩最晚。野外火山岩和侵入体地质体之间的相对年代一般根据非整合接触、切割关系等确定。

花岗斑岩,肉红色,斑状结构,块状构造。斑晶由钾长石和石英组成,基质为隐晶质。钾长石斑晶自形程度好,大小为 3～10mm。石英斑晶呈灰白色,1～4mm,斑晶含量为 60%～70%,为浅成酸性岩脉。

霏细岩为酸性喷出岩,具有典型的霏细结构。霏细结构是指在显微镜下,玻璃质逐渐脱玻化,形成边界模糊的长英质微晶,一般没有斑晶,含大量斑晶的时候,可命名为霏细斑岩。

球粒流纹岩的球粒,一般为毫米级,是脱玻化以后形成的圈层状或者放射状长英质微晶集合体。球粒形状和结构比较复杂,可为圆形,也可以多个圆互相组合形成不规则轮廓。

13.2　实习路线和要求(图 13-3)

点 1:观察并描述花岗斑岩,了解接触关系。

点 2:观察并描述闪长岩和霏细岩,滑坡与崩塌。

点 3:观察并描述球粒流纹岩、边坡治理。

点 4:观察并描述坡积物与地下水、牛轭湖。

点 5:观察并描述辉绿岩、球粒流纹岩、霏细岩。

点 6:参观火山地质园,总结所见岩石的穿插关系。掌握冲洪积平原、孤山、牛轭湖等的概念。

第13章 福州大学旗山校区实习路线

图13-3 福州大学旗山校区实习路线

参考文献：

王翠芝,2010.福州地区地质实习指导书[M].武汉:中国地质大学出版社.